董君 赵胜华 蒋熙 主编

· The World's Top Architectural And Design Works Of 21 Classic ·

全球先锋设计系列

全球顶尖设计大师
23个经典作品

视觉酒店

中国林业出版社

旅程。

秉承着“读万卷书，行万里路”的信念，走过世界上很多国家，到过很多城市，遇到很多的人和事，欣赏过很多风景，细细回想，似乎又忽略了什么东西。究竟忽略了什么？却冥思而不得其解。在那些自行安排了，或者被安排的各种旅程中，我感受着感官的冲击，去看、去听、去品、去嗅，而忽略的是去品味，去思考和去感动。

一个人的灵魂升华了，眼里自然也就没有了卑微。既可以慨叹天安门广场的宏伟，又可以为乡村古道旁的一碗热水所感动；既可以被玉龙雪山的身姿所震撼，又可以被旷野上的一块奇石所吸引；既可以惊叹于龙门造像的细腻与博大，又可以耐心的等待海边沙滩孔洞中的小蟹探头。细节往往容易视之为常态而被忽略，细节由于它的所承载的内涵较少而被忽略，细节常因忽略而被忽略。当希望通过旅程追求心灵的崇高时，抓住那常似流星般闪过的小感动。

宗教，是不能被人的思维所认知的领域。比如人类不知道雷电是什么的时候，东方便有了雷公电母，西方则有着宙斯雷霆之剑。千百年来，人类认知的所谓科学的领域越来越广泛，但宗教并未因此而卑微，反而更加至高至大，至上至远。可能的原因在于人类欲望的提升和对未来的迷茫。因而真善、平等、圆融的理念成为了众多普通百姓的夙愿，和谐、济世成为了最终的理想。所以旅程中看到了越来越多的造像，越来越多的信徒，与其顶礼膜拜不如积德行善，与其烧香还愿，不如扶危济困，做行动的巨人，才能让心灵站上崇高的至境。

在万籁俱寂的深夜，躺在旅程中一处驿站，突然想起这些旅程中永远不可或缺的建筑，她让我们能够避风躲雨，他让我们能够恢复元气，但我们常认为这是应该而忽略了她或他的存在与美，今天记录下的，或许能够给明天的你一丝启迪。

世界上有许多相同的人，做着相同的事，也许还有着相同的梦，但他们也许永远没有相遇的机缘。但在有一天，因为同样或相似的目的，他们选择了这样的旅途驿站来诠释自己对人生的理解和对爱的表达。《视觉酒店》从理性的角度来说是一本视觉饕餮，但更希望是一本带给人慰藉心灵的浓汤，让你不断的去品味和咂摩。仅此献给为我们带来如此厚重礼物的建筑大师们，献给那些心灵相映的而彼此不遇的旅者，同样也献给对我们的人生心存感激和热爱的读者们，谢谢你们！

董君

2011年3月

Contents/目录

日本建筑大师／矶崎新 Arata Isozaki

大师资料

1931年，矶崎新（Arata Isozaki）出生在日本大分市。自从东京大学工学部建筑系毕业以后，矶崎新在丹下健三（Kenzo Tange）的带领下继续学习和工作。1963年，他创立了矶崎新设计室，自此成为几十年来活跃在国际建筑界的大师，作品众多，获奖无数。如：Gumma美术馆、路易斯安那州现代美术馆、日本Nagi美术馆、上海九间堂、上海喜马拉雅中心、深圳文化中心、中国中央美术学院美术馆等。

设计概念

矶崎新在设计的色彩和风格等形式上相当大胆，其创造力和细节设计能力成为其独特的设计标志。像日本其他建筑师一样，矶崎新的工作深受当地文化的影响，但也展示了其敏锐的洞察力和微妙的幽默感。在他尽力将传统信仰和西方文化结合在一起的时候，其作品达到了一个臻于完美的境界，即作品兼取东西方文化的设计理念，将文化因素表现为诗意隐喻，体现了传统文化与现代生活的结合。

编者的话

矶崎新运用简单的几何模式营造出结构清晰的系统和高水准的建筑技术，他常将立方体和格子体融入现代时尚之中。其作品通常简洁、粗犷却不显自大，圆

拱状的屋顶是他设计的主要特点。他能利用不同的结构和造型创造出大量的空间，并努力使边缘看起来更为柔和。在设计时，矶崎新一般先在脑海中勾勒出大致图形，然后将其转换为一种清新、多彩、纯粹和深刻的几何模式。

矶崎新所设计的建筑具有相当强烈的视觉效果，尤其对比和着重之处更显鲜明。对光、格局、空间体积等的充分利用是矶崎新的建筑备受人们关注的重要原因之一，他的作品不但有其内在意义而且更显额外活泼和动人心弦。他设计的室内空间简洁明了，单纯的合成结构提供了较为中性的合成空间。他的设计作品非常复杂，也相当重视细节的补充。他将建筑学看作是纯粹的合成体，即是经济、艺术、功能、技术以及各种其他方案联系在一起的合成。当代建筑学风格带给他的不止是前沿建筑学方案而且融入了国际建筑学耀眼的光彩。

矶崎新的作品风格独特、格调高超、构思脱俗；在简单的几何形式中表现了纯净幽雅的古典美，在错综复杂的构成、随意粗放的笔触中蕴涵着节律分明、严谨和谐的秩序感；在表面的模仿引用中凝练着形象观念的升华和意义的深邃内涵，似乎是在用一种娓娓动听的语调却又反复无常的雄辩言辞，谱写着诗一般美的演说篇章。V

空间承载着设计师的思考；黑色的基调配以红色冰箱的点缀，使客房具有浓厚神秘色彩，显露设计师强烈的个性。

Cultural Exchanges
东方与西方的碰撞

地点_西班牙马德里
设计_Arata Isozaki

如何在东方和西方，民族和世界，传统与现代之间找到平衡和寻求突破，将是一直需要思索和长期存在的问题。在这一点上，中国的室内设计师可以在日本设计的发展过程中找到耐人寻味的启发。

在酒店的设计中，矶崎新先生的设计是东方与西方相遇，设计充分体现了日本传统文化的深沉和细腻。尽管这个空间很大，灯光也很明亮，但是在先生的深思熟虑下，还是让深暗的色调控制了卧室里的一切。

浅白的门厅，室内经典的黑、红主色稳重而大气。黑色的基调配以红色冰箱的点缀，使客房具有浓厚神秘色彩，显露设计师强烈的个性。卫生间的浅色系列与客房形成鲜明对比，木材浴盆的设置体现了其独特的地方特色。纯白的浴室点缀在其中，橡木制成的浴缸让人联想到日本赫赫有名的温泉旅馆，木头散发出的清香好过了任何一种人工调制的香料，使顾客如沐自然。设计师为人们营造了一种简约的氛围，每个角落，每个细节，都在向顾客传递着经典的日式和东方的气韵。V

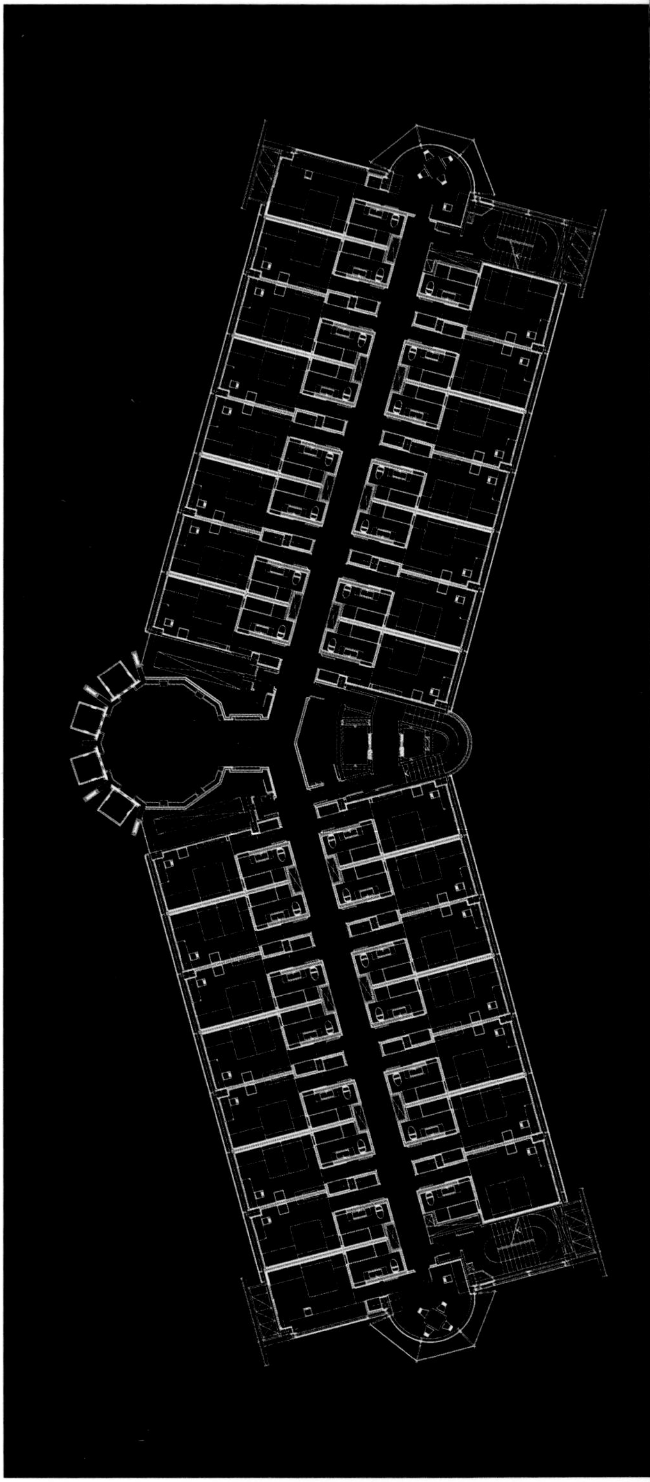

【左】平面图；
【右上】浅白的门厅，如梦似幻；
【右下】东方与西方的相遇营造了一种平和的感觉和舒适的享受。

【左】室内经典的黑、红主色稳重而大气。
【右】橡木制成的浴缸让人联想到日本赫赫有名的温泉旅馆，木头散发出的清香好过了任何一种人工调制的香料，使顾客如沐自然；

极简主义风格大师/大卫·齐普菲尔德 David Chipperfield

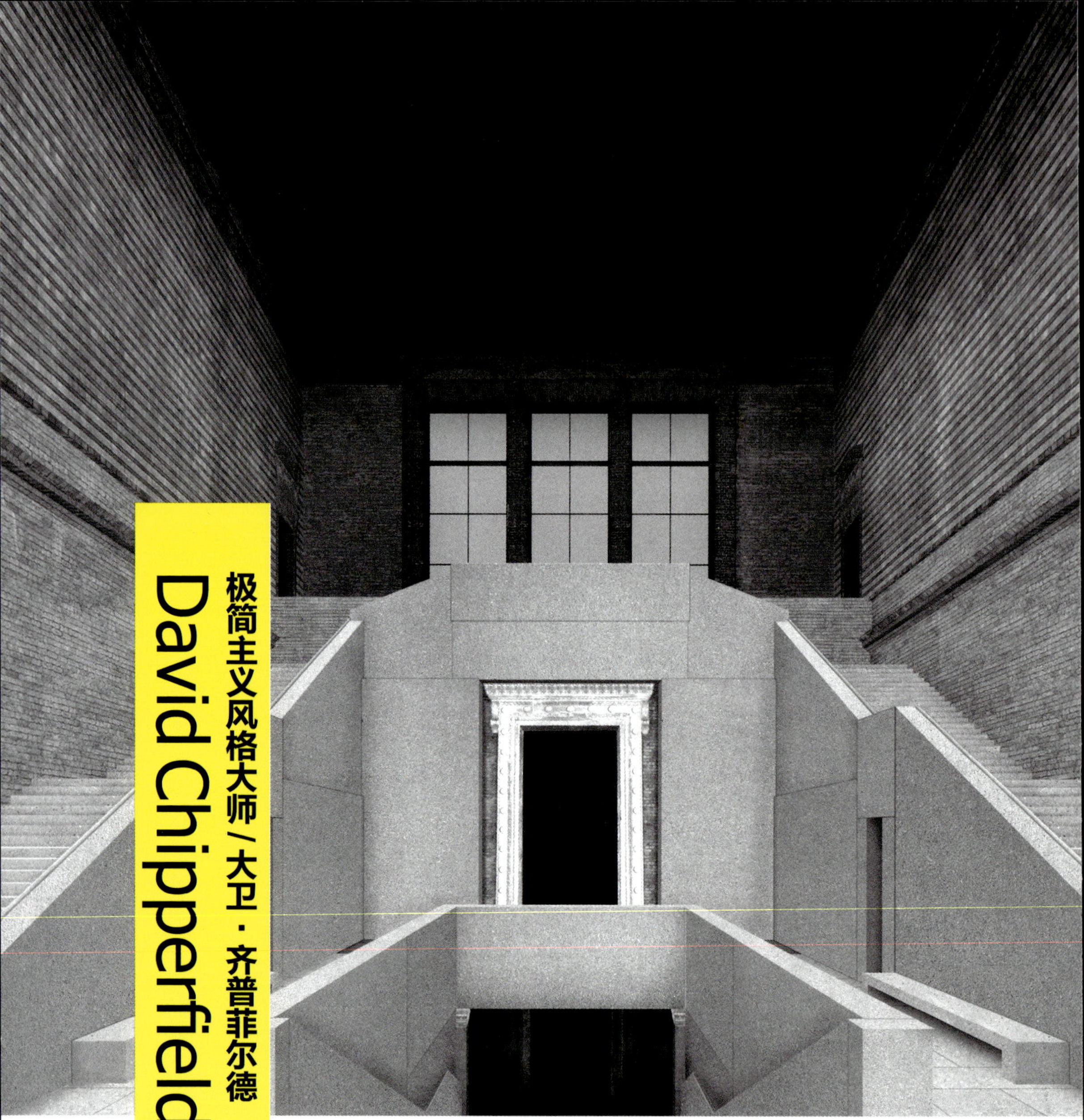

大师资料

大卫·齐普菲尔德（David Chipperfield）受教于伦敦建筑学院并曾在著名建筑师道格拉斯·斯蒂芬、理查德•罗杰斯及诺曼·福斯特之下工作。他不但是9H艺廊的组织成员及总监，建筑师协会的理事会成员，亦是多所知名大学建筑系客座教授，例如：哈佛大学，奥地利格拉茨大学，意大利那不勒斯大学，皇家艺术学院及洛桑大学工业技术学院。齐普菲尔德目前是卡尔斯鲁厄国立造型艺术学院的建筑系教授。代表作品：三宅一生服饰、阿诺菲尼艺术中心、松本银行总部、柏林新艺术美术馆、威尼斯圣米凯莱墓场、意大利苏伦多司法宫和美国爱荷华州达文波特的费尔德艺术博物馆。

设计概念

极简主义风格被大卫•齐普菲尔德演绎的淋漓尽致。他的作品并不追求过分张扬的个性和某些无与伦比的特点，而是尽可能地以简单的形式融入环境之中、成为环境的一部分，他甚至希望人们能够忽视它们的存在，只要去感知建筑所表现的生活就好。他一直在努力使建筑成为日常生活的一部分，而不是某种艺术流派的代表。

编者的话

当很多建筑师都在华丽的外形上下足功

夫以吸引人们的眼球的时候，当我们喜闻乐见这些"奇迹"诞生的时候，也基于此，"鸟蛋"、"鸟巢"以及"大裤衩"这些褒贬不一的建筑诞生了。当我们关注这些有新意的建筑外皮的时候，我们在思考着什么？它们对地区的文化特征带来何种影响？我们在面对这些巨型建筑时，在惊叹之余有没有考虑除却震撼它们带给我们什么了？

当无意间发现大卫的建筑时，没有惊艳，却是在环境中完美的与周围融合。空间简洁而有效，结构简单而造价合理。这一位优雅的英国绅士对环境的谦逊态度，是不是应该让我们现在浮躁的追求"大、奇、高"的设计心态平静一下来静静思考呢？诚然，我们需要勒柯布西耶那样热情到狂热的革命者来引导我们革一下建筑的命，但我们是不是更需要安静的建筑师来时刻提醒我们所思考的还应该是建筑和文化的本身。

大卫作为一位著名的西方建筑师对东方的文化有着一份特殊的情感。在项目的设计中，他用极简练的手法把最有代表性的中国文化符号浓缩在简约的现代主义手法的建筑设计之中，达到了高度的统一。每回与业主的讨论，都让我如痴如醉，他的设计总是那样用一种非常单纯的手法，却能带你进入绝对纯洁和崇尚的精神境地。V

【右】材料的时尚性来自材质的本质，而不仅仅是材质的外观；
【左】地面选用的是带有一定粗糙感的陶砖Terracotta，选用硬质且具有粗糙感的材料，而不用柔性、光滑的材料，是他在选材上的极限之一。

Simple Style
简约之风

地点_西班牙马德里
设计_David Chipperfield

大卫•奇普菲尔德的设计是以黑白色做基调，看得出来，这层标准客房的设计，除了沿用简约，精确的设计手法，他似乎在选材、尺度与用色方面都在向极限挑战。

首先在选用地面材料时，他不是选用传统上习惯使用的材料，如地毯、木地板或较光滑的大理石和瓷砖，而选用的是带有一定粗糙感的陶砖Terracotta。选用硬质且具有粗糙感的材料，而不用柔性、光滑的材料，是他在选材上的极限之一。房间里的空间分隔流动而简洁，洗手间与卧室基本没有特别的明显的界线，地面与墙面、墙面与天花之间的交接直截了当，干脆明了。室内的吊装天花板、家具和洗手台，方方正正，没有一丝多余的东西，体现了他的直白的简约之风。这是他在空间、尺度表达方面的极限之二。色彩的运用上更是一反常规，集中表现了设计师在这套标准房的纯粹的设计理念。在色彩的运用上可是纯粹到了极点，就是黑与白。所有的家具以及洗手台、床罩都采用黑色，立面、窗帘是乳白色，灯光是暖色，只有吊挂在半空的两片装饰用的天花板是蓝色，使得室内的色彩明快起来。地面的黑色陶砖与整个床座是连在一起的，与洗手间的洗手台也是连在一起的，显得非常整体和有趣。这与时下的世界各地的酒店客房有着鲜明而强烈的对比，这是他在色彩表现方面的极限之三。

大卫在他的许多设计里都追求尺度的精确，每一个空间，每一件家具的高矮尺度都与室内空间有着紧密的关联，同样，每一件材料的长宽尺寸都与每一个空间的尺寸比例相符，简约是尺度的精确语汇。设计师在设计墙面时充分地体现了深厚的设计功力，整个房间都是直线条，并且直线间交错成的方格尺寸都是在陶砖尺寸基础上按比例放大的结果。在看似平坦淡无奇的房间里，设计的精准与趣味无时无刻不在闪现。V

311

【左上】深邃的客房门外；
【左下】大理石装饰的浴室；
【右上】平面图；
【右下】走在用陶砖铺饰的休息区，用心感受自然的气息。

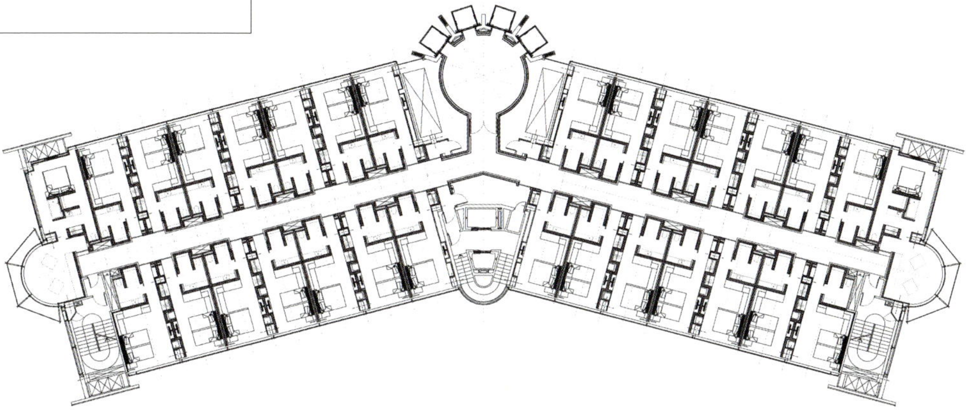

Graft建筑设计事务所
Graft Studio

团队资料

Graft是一家综合性建筑事务所，办公机构设于美国加州的洛杉矶和德国的柏林，在美术、教育、公共机构、商业设施及住宅等多种的建筑形式方面具有丰富的专业经验，并赢得美国与欧洲的多重奖项。

Graft于1998年成立于加州洛杉矶，创始人是Lars Krückeberg、Wolfram Putz以及Thomas Willemeit。目前，Graft与Gregor Hoheisel合作已在中国北京开办了其第三个办事处。

设计评价

Graft被看成建筑、城市规划、展览设计、音乐以及"追求快乐"的标识。

Graft从事各类不同类型与地区的项目设计和管理；其核心业务倾向于以建筑设计与建筑环境为中心，同时总是注重跨越专业学科的界限，把无限创意与各种实体的方法有机结合起来。

编者的话

Graft的设计中能让人看到流动的线条和飞扬的曲线，你不能说那是一种风格的体现，因为风格代替不了构成背后的内涵以及整个生成的过程；而同时，风格也无法表达他们对自己设计的坚定和执着。这种有了思想的设计，是无法用风格而简单定义的一种持续和统一。

Graft的研究工作跨越不同来源的各种原型：文学、艺术、哲学、电影、建筑、影像、运动、音乐等等，使思想上的学科"移植"就此开始，进而打破学科和元素之间人为划分的界限和限制，使传统的建筑与空间体验因外部标准和内在专业的模糊化而得以拓宽和丰富。在这种观念和思想的作用下，Graft的设计中往往蕴涵着难以预料的奇思妙想，流动而灵活的变通性，以及杂交于环境本源的生命力。

任何一个来中国发展的外籍事务所都会对中国的文化充满兴趣，并试图把文化的元素融入到设计之中。Graft也不例外。作为先锋派的代表，他们并非只用现代的手法把以前的不可能在这里变成可能；恰恰是选址的态度，也从另一方面昭示出他们的设计中包含着的另一层含义——文化的嫁接。

建筑师和设计师们总想做一些与众不同的事情，发展新的观念，这构成对前卫的一种表达。对于Graft来说：当人们看到他们设计的一件作品时，即便人们没有受到过这方面的教育，但是人们最终会微笑，也许让人们微笑的理由是因为颜色或者别的什么原因，这就对了，这是他们想要达到的。V

皇家驿站的对面是故宫、北海公园和景山公园，这里远离尘嚣，静中取悠。在露台上小憩一会，整个人都融入到画中，使你全身立刻放松下来。

Winding Corridor
交错旧时光的廊檐

地点_中国北京
设计_Graft建筑设计事务所

Graft设计小组在中国最近的一个设计作品皇家驿站就是这样一家有着梦幻魅力的设计酒店。酒店的选址很是绝妙，它位于东华门附近，在故宫东面，离故宫、景山都不远，但又隔着几条胡同、几排房屋，酒店周围就是最普通最原始的老北京胡同，要到酒店，先得穿过几条狭窄的巷子，水泥的马路两旁是最典型的北京四合院，房檐低矮，门脸幽深，在巷子里穿行，甚至还能感受到日头后的岁月幽光。

酒店原址是清华同学会，定位是立足中国文化，面向国际游客，在设计上也是精益求精，既要有中国传统元素，又要有国际化设计语言，方案几经更迭，最终才选择了来自德国的Graft小组。针对投资方的要求，Graft设计师在设计方案中通过色彩、线条、图案、细节物品的运用来实现传统文化与现代生活的对接，同时又沿袭小组自身的无国界通用的几何形体设计图式，将二者巧妙地结合在一起。如此，来自欧洲的现代设计与源自中国的历史文脉有序结合和过渡，便有了现在这个北京的第一家设计型酒店。

酒店分三个部分，地下餐厅、客房、天台。其中，地下餐厅和客房的一层部分都是明丽的橘黄色调，二楼是沉静的豆绿色，三楼则是略偏深的蓝色调，站在酒店前厅往前看，透过设计师特意设置的落地玻璃窗，夏日的浓荫之后，是一片宫墙，红的墙面、绿色琉璃瓦、黄色的墙裙；再回顾室内，让你觉得似乎眼熟，是的，黄色、绿色、蓝色这三种颜色都是中国古典宫廷建筑常用的经典色彩，设计师以这三种色彩作为酒店空间的主题色，不过针对现代和国际化的需要，设计师又对这三种颜色做了时尚化的处理。处理后的颜色明亮单纯，富有冲击力。传统元素就这样变成了现代的时尚面貌。而在酒店的55间客房中都可以看到一个蜿蜒曲折的线描带子，仔细看线条高低曲折，如素描的屋顶，原来这是简化后的重檐叠宇，中国传统的古典宫廷建筑便以这样的符号形式与每个入住酒店的客人相伴。V

【左】客房外部的走廊，射灯整齐的投射到地毯上，星星点点的洒向远处；
【右】客房外面是一排卡座。

【左上】客房的颜色清新淡雅；
【左下】客房内的小型工作台，台面的弧线自然流动；
【右上】宽大的沙发；
【右下】双人床被三边包围着，墙上的彩绘和整体的环境相呼应。

【左上】客房内的浴缸和立柱巧妙的结合；
【左下】开放的浴室；
【右上】餐厅外的露台；
【右下】黑色是餐厅的主色调。

10位艺术家的一个作品

Jakub Rebelka \ Iwona Cybula
Asia Piascik \ Marek Mielnicki
Emilia Bartkowska \ Patrycja Orzechowsk
Kuba Bakowski \ Honorata Martin
Ula Wasielewska \ Joanna Zastrozna

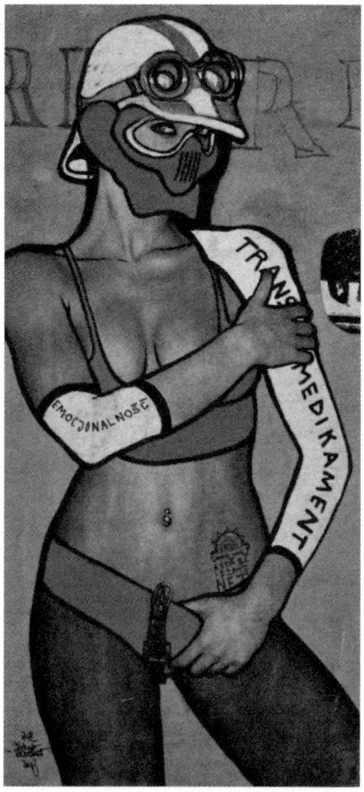
TRANS
MEDIKAMENT

Prezentacje Młodych-Talenty Na Indeksie
2.10.2009-SFINKS
piątek-godz.21.00-Sopot Al.Mamuszki 1
MARCIN
Wernisaż Wystawy Malarstwa i Rysunku
ZAWICKI
Fontanna: Favourite Songs
SKINNY & PATRINI

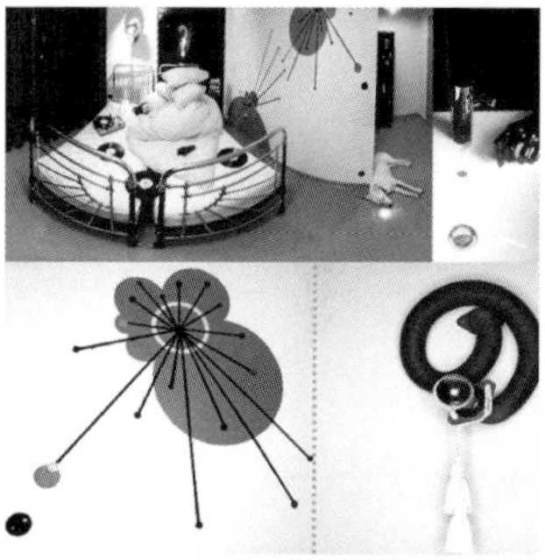

1st PRIZE
PRZETWORY 2009

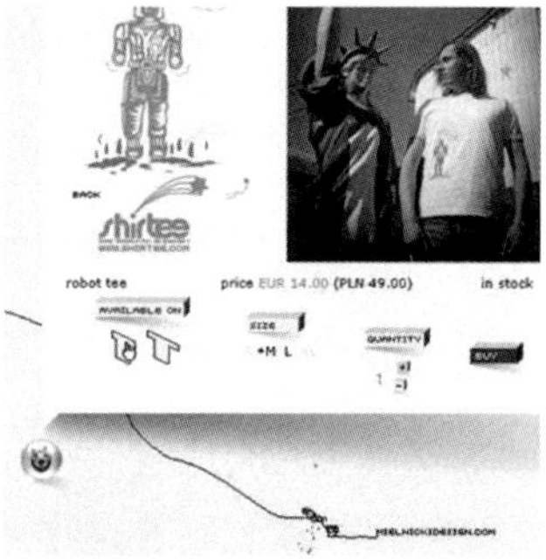
robot tee
price EUR 14.00 (PLN 49.00)
in stock

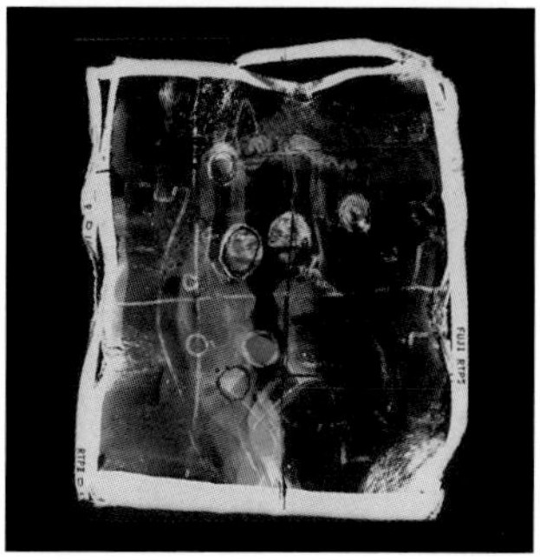

Art Portfolio
艺术组合

当旅人不再满足于粗陋的环境、简易的服务，并将酒店作为完美旅程的重要组成后，也就不难解释欧洲为什么有越来越多的设计酒店、艺术酒店问世了。上图是酒店底层的小酒吧。

地点_波兰索波特
设计_Jakub Rebelka，Iwona Cybula，Asia Piascik，Marek Mielnicki，Emilia Bartkowska，Patrycja Orzechowsk，Kuba Bakowski，Honorata Martin，Ula Wasielewska，Joanna Zastrozna

当旅人不再满足于粗陋的环境、简易的服务，并将酒店作为完美旅程的重要组成后，也就不难解释欧洲为什么有越来越多的设计酒店、艺术酒店问世了。居家设计可以是平庸的、枯燥的、循规蹈矩的，但是不能抹杀人们对设计空间的向往。位于波兰北部城市索波特的La La La酒店，仅有的7个房间均出自艺术家之手，当艺术打破至高的荣耀光环物化成身边的家具摆设，你会感谢造物主的慷慨。

路过时不过是寻常的酒店，常见的木质天井围栏、可爱的花园、随意的吊床，所有的一切将La La La酒店粉饰得异常平凡，只有身临其境的人才能体会惊奇的美好。极富对比色彩的混血产物，让设计臣服于艺术之下，在由童话狂想主导的空间里，相应生辉。
在中国盛行一时的金色招财猫、静静放置在角落里的黑色钢琴、酒吧上方有纸人装饰的水晶枝形吊灯、异域风情的阿拉伯图饰祭坛，各种文化在这里碰撞，并重组出不一样的风情。但这些都只是一个开始，寻求自由和独立的人们，可以将这里作为精神家园，时间在这里有着独特的流逝方式。旅人们会发现这里除了缺乏枯燥呆板，有人们一切想不到的东西。该酒店最初的设计构想来自于Asia Zastrozna，这个毕业于格但斯克美术学院的艺术家，毕业后一直从事着与摄影和平面设计有关的自由职业。Asia常常流连于意大利，经常的旅行让她萌生了在索波特开一个酒店的想法。当她的一个建筑师朋友自己建造了一个红酒吧，她知道机会来了。

面对着旅客越来越挑剔的住宿需求和慷慨的投资方，Asia 意识到也许可以是一个不一样的尝试——艺术酒店。于是，Asia请到10位艺术家和她一起完成对酒店的内部设计，将艺术以亲民的姿态来释放设计的光辉。La La La酒店客人通常是年轻人或艺术爱好者，他们不在乎酒店的酒吧是不是当地最火的俱乐部，只享受这种轻松自在的氛围，没有人会怀疑他们当初的选择。享乐主义的旅人热衷于在这里浪费整个下午

整个酒店的结构很简单，一个小咖啡吧，一个酒吧、一个葡萄酒酒吧和7个别致的房间。正如想像得那样，这里的厨师不遵循任何传统的制作方式，如果房客愿意他可以尝试辣椒巧克力蛋糕或自制汉堡包。但是，所有的美酒和非传统的食物都不及酒店的设计来得刺激旅人。仅有的7个房间，分别由Jakub Rebelka、Iwona Cybula、Asia Piascik、Marek Mielnicki、Emilia Bartkowska、Patrycja Orzechowsk、Kuba Bakowski、Honorata Martin、Ula Wasielewska、Joanna Zastrozna等艺术家设计。7扇门的后面，将是7个充斥着神话、童话、梦幻、狂想和神秘的房间。7个不同的故事，7种不同的风情和7个艺术的灵魂。房间的主色调，从一尘不染的白色、浓烈奔放的红色、海一般的蓝色，悦动的红蓝拼色到沉静神秘的黑色，视觉上就将7个房间区分开来。

从装饰性的墙画到房间的家具、落地摆设，都精心围绕同一主题设计和配搭。旅人可以选择被麋鹿、精灵包围了，亦可以选择在海上泡沫里想念小美人鱼。棉花糖气味的空气可以让您重新找回自己简单的童年心情，同样，黑色让人略感压抑的房间也将让你有一个不一样的心情。所有的客房编号都在7~1600之间，只在其中选取7个毫无关联的号码。V

【左上】霸权的白色是这个空间的主色调，泡沫和手枪，极简的白色和蓝色自由变化；【中】房间由Marek Mielnicki设计；【下】绿松石色的主调，配以芭蕾舞者的墙纸，一切看上都是如此的优雅；
【右】房间由Jakub Rebelka、Iwona Cybula设计，以黑色为主调，奇幻森林里艺术家讲述着自己心中的小红帽与大灰狼的故事。

【上】这个房间是麋鹿和精灵的世界，田园气息十足的家具配合了设计的主题；
【右下】橱柜上的高跟鞋为看不见的淘气精灵们准备，请他们为房客们在梦里跳一场踢踏舞。

【左】房间由Asia Piascik设计；
【右上】粉红色的剪纸，古旧的沙发，从中国古代立柱上切割出来的床脚、红色的中国旧式热水瓶，这是一个用来怀旧的房间；
【右中】整个空间给人不一样的超现实主义的天堂臆想。可爱花纹、塑料火鸡、糖果衣架和墙上的小翅膀，都让房客重新回想起童年；
【右下】房间由Kuba Bakowski设计。

西班牙天才设计师 / 贾维尔·马瑞斯考 Javier Mariscal

大师资料

贾维尔•马瑞斯考（Javier Mariscal）的设计和艺术作品涵盖卡通创作、室内装饰设计、家具设计和平面设计等。

他生于西班牙瓦伦西亚，19岁时就在瓦伦西亚展出他的第一个漫画人物形象，El Senor del Caballito（小马先生）。1971年他移居巴塞罗那，就读于艾丽萨瓦学校并创立了他的第一本漫画杂志。1977年举行了名为“大饭店”的个人作品展，他把空间变得丰富多彩，从中可以欣赏到图画玻璃，手制服装，硬纸工艺品，出版物和彩色长沙发。1989年他设计的小狗COBI形象被1992年巴塞罗那奥运会选为吉祥物。同时举行了名为与Mariscal的100年的个人展览。

1989年他和一些合作者建立了Mariscal设计室。设计作品：日本长崎Huisten Bosch公园内的儿童游乐场；漫画形象Twipsy被选为2000年德国汉诺威世博会的吉祥物；以Patty Marx（帕蒂•马克斯）的剧本为蓝本制作了52集Twipsy动画片；1999年制作了名为“颜色趣话”的电影。

他从未放弃过对艺术的追求，在此期间他多次举行个人作品展并参加多种展览会。他在世界不同的地方举行讲座，展示他的作品，向学生们讲述他

的专业经验。

设计风格

贾维尔被人叫做“小飞侠”，他的作品往往充满了童趣。比如他设计的一把儿童椅Julian，看上去狗不像狗，猫不像猫，既可以作为儿童椅，也可以作为小边桌，还可以给它戴上项圈拖着它在屋子里跑。Mariscal说他喜欢带功能性的东西，比如Julian虽然是一个雕塑作品，但是它具有许多功能，是为家庭创作的一个诗意角落。

编者的话

贾维尔·马瑞斯考沉湎在对绘画的热情中，他创作了大量的美术作品。但与此同时，对身份认同的困惑开始困扰着他。无论是在漫画、家具设计、室内装饰还是美术创作领域，他都是成功的，但究竟以什么职业作为他的未来呢？这种天才人物所特有的烦恼，实在无法为平凡人所理解，甚至认为这简直就是矫情，是天才人物对平凡人物的一种“优雅的”侮辱。V

绚丽的色彩给人以激情，整个设计让人充满遐想。材质与色彩的运用是整个设计的一大特点，他们旨在打造能够激发人们不同情绪的愉悦空间，其中尤以图形设计凸显成效。

Free Gorgeous
自由的绚丽

地点_西班牙马德里
设计_Javier Mariscal、Fernando Salas

贾维尔•马瑞斯考和伏那多•萨拉斯从上世纪50年代盛行的功能主义那里得到的设计灵感，联手为酒店设计了主题，绚丽的色彩给人以激情，自由随意的客房号码字体给人以轻松休闲的感觉。整个设计让人充满遐想。材质与色彩的运用是整个设计的一大特点，他们旨在打造能够激发人们不同情绪的愉悦空间，其中尤以图形设计凸显成效。

在空间中，除了厕所被木隔扇围合起来之外，其他所有的空间都是敞开的，在这其中浴室占据着统治地位。白色的台面有两个功能，一是从浴室方面看，它是水池的一部分，表面附着的是一般的贴膜；另外从客厅方面看，它又是一件简单的家具，使用的则是有斑纹的福米卡家具塑料贴膜，上面3个小巧的把手暴露了里面的乾坤（原来里面竟然是被藏匿起来的酒柜、冰箱和音响）。

酒店的标准房最接近家居的味道——无论是布局或色调，将睡床置放在窗边，为室内留出了更多空间。而当地下和床铺都是彩色图案时，他却在主墙用上素净的灰色作缓和。室内采取开放式，只以一堵透光的木门隔开了浴室和睡床，而两者同样得到天然光的照耀，整個房间无论是采光或者本身的颜色组合，都让人有开朗明媚的感觉。V

【左上】充满童趣的电梯厅；
【左下】材质和色彩带来了惊喜和奇幻；
【右】左上这是一个充满花纹与图案的世界。

【左】作为私密的空间的浴室，有着自己的个性；
【右上】平面图；
【右下】浴室与卧室几乎是一体的，站在任何一点都可以看到外面的风景。

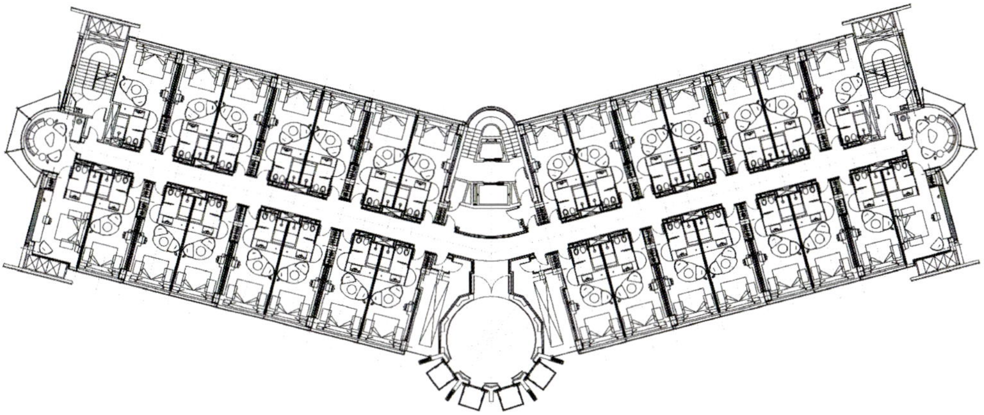

法国当代著名建筑大师 / 让 · 努维尔 Jean Nouvel

大师资料

让•努维尔（Jean Nouvel），1945年出生在法国的西南部。他的父亲从小对他要求很严。1966年，努维尔以入学考试第一名的成绩去巴黎学习。开始的时候他还试图在一年以后转向学习绘画，然而就在这一年内，他已经在一个建筑事务所取得了一份工作。从此便一发不可收拾。

进入80年代，法国政府修建了一系列重大的政府工程。在巴黎有卢浮宫扩建、巴士底歌剧院和国家图书馆等。在法国几乎任何规模的公共建筑都要通过竞赛取得设计方案。这种做法给建筑师——特别是年轻的建筑师一个创作的机会。在1982年进行的巴黎阿拉伯文化研究中心设计竞赛中努维尔一举成名。今天，他已经成为一位世界知名的建筑大师。

设计概念

努维尔综合采用钢、玻璃，熟练的运用光作为造型要素，使作品充满了魅力。他认为建筑设计的过程更多的是适用外部自然、城市和社会条件的结果。他通过利用材料表现建筑物的无形的透明性来表达建筑同它的基地以及时代的联系。他以含糊表示含糊，以复杂性来表达复杂性。比如在阿拉伯研究中心那样的建筑中光、影、空间共同表现的复杂性并不是建筑师人为造成的而是建筑本

身要求它具有这样程度的复杂性。相对过去所重视的建筑的静止的画面，他更喜欢发展的，运动的景观，这个景观因为距离、层数和角度的不同而不同。

编者的话

"在过去30年里，努维尔把建筑理念连同实践都带到了一个新高度。"对于努维尔来说建筑设计从开始构思到施工完成更像一部电影的形成。这种电影似的分析在努维尔的作品当中很多方面都可以看得出来。很显然对于努维尔来说建筑是一个符号的系统，这种符号的语言并不是像传统建筑那样表现在立面。对于一个建筑来说它更像是在文脉中生长并且代表所处的地点同时代，建筑语言必须从许多其它方面得出，这些方面包括文化、社会、其他媒体等各种地方但就不是建筑本身。

"建筑的将来不是建筑的"，努维尔曾经说过。这并不表明建筑没有将来或者说建筑没有过去。而是说建筑应该不再把自己看作是由内部规律规定的独立的个体。这是因为现在社会同城市的文脉与我们曾经认为的简单的内部规律来比，是如此的复杂。另一方面表现在对于项目的先期条件以及变量的绝对清晰的分析，也表现在建筑师必须对建筑实践负责，对它的创造性，对它体现出来的外观、记忆以及必要性负责。V

休闲健身中心包括有体育馆、游泳池、吧区和水疗中心。整个设计贯彻了设计师自由的理念，设计以暖色为主，带给人们的是一种远离喧嚣，放松心情，同时尽情释放的空间。

Art and Architecture
艺术与建筑的交融

地点_西班牙马德里
设计_Jean Nouvel

让•努维尔的设计体现了艺术与建筑的交融，“从而使客人能够体验非凡的时刻”。浴室天花处理最有特色，图案与灯光配合使空间充满浪漫色彩。简洁造型的浴盆和家具使空间更具现代感。设计主题：天花（Floor），最大限度的呈现马德里的迷人街景。空间自由，艺术自由，建筑自由，三者相互穿插，肆意交流。在这种自由的交互和碰撞中，诞生着许许多多令人意外的片刻和画面。

努维尔的设计令酒店表面散发出彩虹一样的缤纷姿色——渐变的七彩色调，大胆而又洋溢着浓烈的西班牙色彩，让人感觉到热力。但努维尔玩的也不止于颜色，他更将法国超现实主义诗人Pau Eluard 名为Liberty的诗句，以不同语言表现在每层墙面上。他向来视建筑为一个中介，而非只是一幢建筑物，他甚至不抗拒在建筑上面，承载不同的信息，这首诗歌便是一个好例证。另外，酒店表面也被类似胶布的PVC物料所遮盖，一方面是实际的考虑——西班牙的夏天随时可达40多度高温，胶布可以用以遮阴；另一方面却带来“临时”的感觉——难道是暗示将来随时有变化的可能？至于酒店大门外面和屋顶，同样是橙色由厚而薄的造型线条，亦是他向来喜欢改变视觉质感的处理方式，带着轻盈感的屋顶，仿佛可以在半空中飞翔。V

【左上】顶层的游泳馆；
【左下】健身中心；
【右】空间自由，艺术自由，建筑自由，三者相互穿插，肆意交流

【左】艺术与设计的交融；
【右上】客房会客厅；
【右上】客房浴室。

【左上】客房会客厅；
【右上】在卧室中，自由的交互和碰撞诞生了许多令人意外的片刻和画面；
【右下】卧室。

获奖无数的JPW建筑事务所

JPW Architects

项目背景

众多奖项的获得者希尔顿酒店及其办公室的改造工程，已经将以往一向闭塞、过时、内敛的楼房完全改变成了悉尼CBD附近的一处重要的城市建筑。改造前的希尔顿酒店及其办公室建成于1975年，是澳大利亚第一座世界知名的国际酒店。

约翰森•皮尔顿•沃克建筑事务所（以下称JPW）觉得一般的旧建筑改造对他们而言是不够的，因为大家从他们成功的设计方案就可以看到这个团队无限的发展潜力。但我们发现在JPW的方案实施中，设计思想的具体体现仍然遵循了设计发展和建造过程的指导原则，重点是他们成功的使得方案里的设计思想以及细节，在建筑改造的发展和完善过程中不断得到具体化。

项目改造

这座建筑的设计不仅建立在多种功能混合的共同作用下，同时也满足了各种功能各自不同的需求。希尔顿酒店及其酒吧的经营就和悉尼的那些聚会场所一样，相对独立而且成功。而大厅则可以帮顾客安排大到3000人的大型会议，以及小到私人的单独会面。酒店内的服装零售店分布在路旁，为整条道路都增添了许多活力。宽敞的健身俱乐部是每位入住酒店的客人都可以直接前往的公共

区域，地面停车道和宽敞的公共地下停车场也是共享的。JPW的设计方案推翻了建筑原始的群楼，保留其重要的结构体系。办公室塔楼"悬浮"于酒店底层20m的地方，与45层的酒店大楼主体相隔离。当阳光照进来的时候，就会戏剧性的形成一个新的、流动的大堂空间，同时创造出一个连接了乔治亚大街和彼得大街的宽阔的城市公共通道和酒店停车落客区域。JPW的设计方案是想创建一个积极并充满活力的一层公共大堂空间。这个共享的空间包括：酒店大厅、商务咖啡厅、健身俱乐部和中央通道等。这个酒店项目的空间组织非常复杂，于是JPW提出了一个明确的，功能性方案。这个设计使得人们在酒店和酒吧内都可以眺望到彼得大街。而酒店赋予挑战性的设计则在于设计者为酒店提供了一个逻辑性强，并且清晰的空间布局，以便更有效的实现酒店服务。每天，阳光都会充满整个酒店大堂——这个人们熙来攘往的酒店中心区域。

编者的话

其实，这个酒店的改建工程最根本的成功是源自于悉尼的城市结构。结合了充足的自然光、城市比例以及科技发展的水平，在繁忙城市金融中心中，形成了较活跃的酒店氛围。扩建后全玻璃幕墙的中型办公塔楼成为彼得大街上现代办公建筑的典范。V

New Look
重焕新生

地点_澳大利亚悉尼
设计_JPW建筑事务所

悉尼希尔顿酒店选用的是Gosford Piles Creek砂岩。这些砂岩的挑选和手工制作，使得酒店在视觉上与临近的维多利亚女皇大楼在风格上保持了一致。面对乔治亚大街的特殊玻璃幕墙被悬建于石柱之外，与石柱一起构成了一道非常具有特色的建筑景观，而改建前，面对维多利亚女皇大楼正面的则是酒店一面空白的钢筋混凝土墙面。

有巨大砂岩石柱以及维多利亚女皇大楼做背景，更加强了酒店那种传统法国菜制备以及啤酒店的氛围。酒店整面的玻璃幕墙，以及露天花园与城市交相辉映，相互提升着视觉上的美感。镶玻璃的电梯连接了酒店、酒吧和乔治亚大街，同时在现有的Marble酒吧的下面又有了一个新的地下休息厅。

顺着宽敞的大堂会议厅往前走就是彼得大街，沿街设置的是酒店会议和多功能设施。穿过大厅，再通过一个豪华的楼梯，就能看到与这些设施相连接的，酒店内类似桥梁一般的通道了。这些通道为人们提供了非常有意思的休息空间，同时还可以在这里非常清楚地看到酒店周围街道的景色。会议室也采用了从地面一直延伸到天花的玻璃窗，给参会人员呈现了美丽的户外风景和充足的自然光线。酒店及其办公塔楼改建后原创的图标和优雅的比例，使其在悉尼的面貌焕然一新。塔楼中间镶玻璃的新办公室一直延伸到彼得大街，使得最初的办公室面积变得更大，同时在彼得大街也有了一个新的办公室地址。V

【左】从维多利亚女皇大楼的塔楼上看全新的酒店；
【右】俯视酒店接待台以及藤蔓造型的雕塑。

酒店接待台整个笼罩在自然的光线中。中间这个藤蔓造型的铝制雕塑是Bronwyn Oliver的作品。有巨大砂岩石柱以及维多利亚女皇大楼做背景，更加强了酒店那种传统法国菜制备以及啤酒店的氛围。

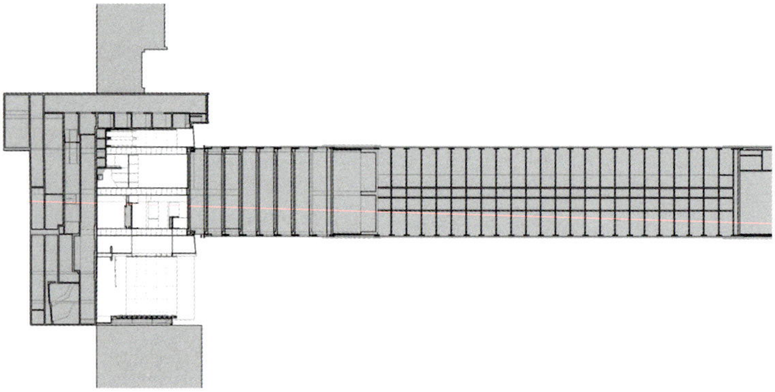

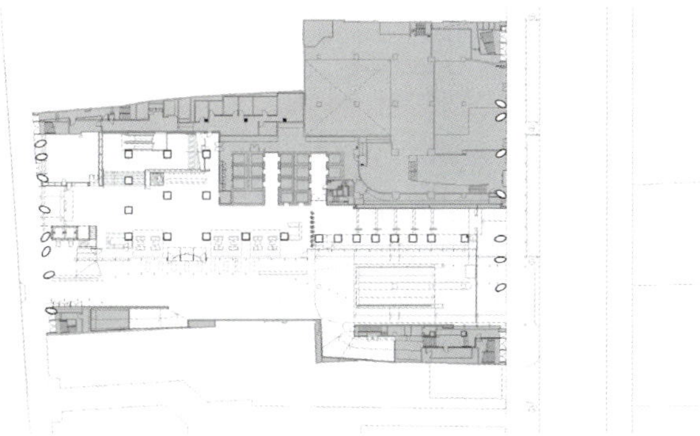

【左上】酒店整面的玻璃幕墙，以及露天花园与城市交相辉映，相互提升着视觉上的美感；
【中上】酒店玻璃幕墙内外；
【右上】从乔治亚大街看向新办公室的大厅；
【左下】南北向剖面图；
【右下】酒店平面图。

西班牙著名建筑师 Juli Capella Garcia

大师资料

Juli Capella从上世纪80年代开始在西班牙的设计界崭露头角，并在2001年与Miquel Garcia、Cristina Capella共同创立了Capella Garcia建筑事务所，从事建筑、室内、设计的工作，事务所位于巴塞罗纳。

他研究与实践领域涉及建筑、工业设计、室内设计、平面设计及城市规划。他曾就职于世界知名建筑事务所，积累起丰富的经验。他的建筑、室内设计及规划项目包括位于Tarragona的Pacha Discotheque，位于Vila-Seca的Promendade、位于Murcia的Zig Zag商店及娱乐中心、巴塞罗那Heron娱乐中心、位于巴塞罗那的OMM设计酒店、Diagonal酒店，位于Terrassa的Las Liras住宅楼项目等等。

目前在建的多个设计酒店项目由设计酒店集团直接委托，其设计创意大胆新颖，充满西班牙自由奔放与浪漫的艺术气息，成为时尚活动举办和时尚人士追捧的场所。

他还设计并策划许多大型展览和展示活动，包括1992年的巴塞罗那设计之春（Biennial La Primavaera del Disseny——两年一次），1992年为Cutural Olympiad举办的Casa Barcelona

（巴塞罗那住宅展），1995年在西班牙为装饰艺术博物馆举办的工业设计作品选拔展，1997年在纽约策展的20世纪巴塞罗那设计展，2001年设计节期间策划灯光展，2005年策划"西班牙爱上日本"展，同年也在日本策划举办了"300%西班牙设计"（该展将于2007年作为中国西班牙文化年的一个活动内容于中国北京等几所城市相继举办，展览亦由Juli Capella Garcia策划举办）。

编者的话

他是西班牙乃至全世界建筑设计圈中活跃着的代表人物，他对设计的杰出贡献得到普遍认可。由于他在设计实践及学术方面的杰出表现，他于2000年被授予国家设计奖荣誉提名。从2001年至2005年，他作为装饰艺术联合会的会长致力于推动装饰设计。V

Torre Agbar大楼是一座圆柱形的彩色的摩天大楼，而Digonal酒店是一座方形的多层建筑，外观主要是黑白两种颜色。

Visual Giant
感受巨人

地点_西班牙巴塞罗纳
设计_Juli Capella、Miquel Garcia

酒店地处Digonal大道旁，这是巴塞罗纳最重要的街道之一，与让•努维尔设计的Torre Agbar大楼同属一个广场。不可避免的是，Torre Agbar办公大楼实在太过于锋芒毕露，想要与它一争高低，摆脱它的影响是一件不大可能的事情。所以，设计师便想把它设计成Torre Agbar大楼独特的背景，尽量减少大楼的影响。Torre Agbar大楼是一座圆柱形的彩色的摩天大楼，而Digonal酒店是一座方形的多层建筑，外观主要是黑白两种颜色。

透过酒店的玻璃外墙，能看到一系列竖条纹的、并带有石材质感的枕梁。建筑整体的框架和结构部分则是黑色不透明的。整个建筑有3个面是不透明的：正立面、面向Torre Agbar大楼的西立面和面向广场的东立面。而透明的那面，每一层用一种不同的颜色区分。人们透过窗户也能看到楼梯扶手上方装饰的绢网印花的纹样，开敞的窗户有利于通风和提供一个良好的视野。而且每一层楼的铝合金斜边增强了这种装饰效果也强调了每一层的不同。

酒店正立面用白色的金属薄板做了外框，而黑色的建筑框架则清楚地告诉人们建筑的层数和它内部人性化的尺寸。白色的混凝土具有很好的光感，在黑色的背景前有层次的突显出来。面向Torre Agbar大楼的立面则用数根2.5m高的枕梁穿过几个楼层。这些枕梁中间都是不透明的，到边上变得透明起来。远看，水平的楼层就像是乐谱，而垂直的枕梁像是其中跳跃的音符。面向广场的这一面比较光洁，一个巨大屋檐伸向建筑外部，强调了与众不同的入口。

晚上，酒店的两个主立面向这座城市展示了完全不同的两面。白色的部分轻柔的发散出一条条光束。而另一立面，则用300支节能二级发光管发散出蓝色和琥珀色的光，与酒店房间里透出的一点一点的光芒交织在一起，延伸在Digonal大道上，直到远处消失不见。

大堂的设计灵感来源于水池，整个空间有条不紊的把所需要的设备暗藏在各个角落。波涛起伏的天花像是涌动的水面，而地面的图案则选择了珊瑚礁和莲花的形式，甚至还配上了岩石和贝壳。通信设备也都藏在了珊瑚和贝壳的后面，一整套的精心设计把一楼的空间装扮成一艘在海面航行的巨轮。各个功能空间用了不同的材料来区别，铜条、木材、玻璃瓷砖和原石等。它们以各种形式出现，支撑和装点着建筑。大堂位于酒店紧邻Digonal大道的入口处，有两个主要的入口能把Agbar广场和酒店的室内连接起来。大堂设有会客区和小型的酒吧，另外为给商务会议提供周到的服务，酒店设有专门的等候区用来接待与会人员，以及直达电梯通往客房部和其他功能区。一楼余下的空间是餐厅，盥洗室的位置以及它的地面划分把Tecla自助餐厅和Piano餐厅区分开来，自助餐厅包括一个大型的自助餐台和一个舒适的吧台，整个餐厅位于一楼主通道的尽头处，处于非常好的地理位置，在这里就餐时能欣赏到广场的全景。

酒店一共有240间风格迥异的客房。这些客房像一个个透明的立方体，四周以玻璃为主，能直接面向窗外的风景，与其他标准间不同的是，酒店的客房都增加了小型的办公空间和会客厅的部分，增强了商务的功能。位于建筑两端的12间套房和8间豪华包房更能看到别样的风景。

10楼是建筑的顶层，有一个木质露台，日光浴场、鸡尾酒吧和淋浴间构成了一个惬意的环境。你可以赤脚走在露台的甲板上，将巴塞罗纳壮观的全景一览眼底。提比达波山和孟特惠克山旁的标志性建筑，还有那耸立在海边的圣家族大教堂，都是这座城市的骄傲。屋顶露台上有一轻质的、透明的金属结构的支架，并配有90块太阳能版。这些太阳能能保证整个酒店的热水供应，这是一个系统的设备，与酒店的其他装置都能相互配合使用。这种自主的环保的能源使用方式正是酒店业发展的新方向。V

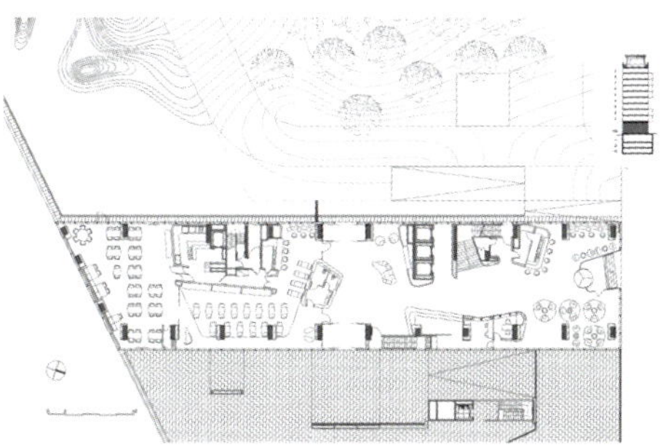

【上】客房层平面；
【下】酒店正立面用白色的金属薄板做了外框，而黑色的建筑框架则清楚地告诉人们建筑的层数和它内部人性化的尺寸。白色的混凝土具有很好的光感，在黑色的背景前有层次的突显出来；
【下】一层平面图。

10楼是建筑的顶层，有一个木质露台。日光浴场、鸡尾酒吧和淋浴间构成了一个惬意的环境。

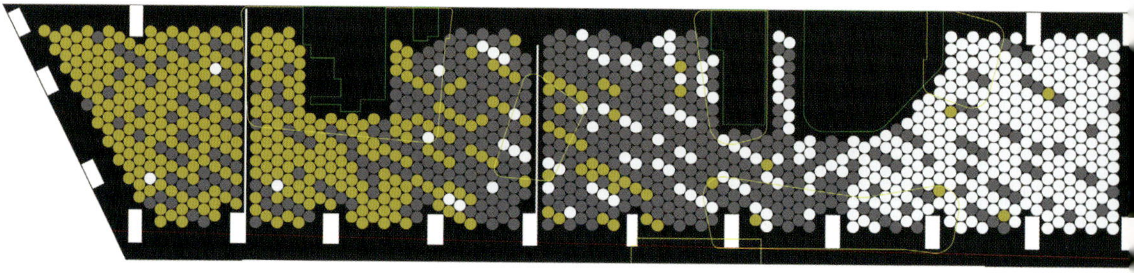

【左上】大堂的天花以莲花为设计原型，金属的材质闪烁着光芒；
【左下】1层天花示意图；
【右】轻质金属支架细部

【左上】小型的酒吧；
【左下】咖啡厅，独立于大堂之外，别有一番天地；
【右】大堂设有会客区和小型的酒吧，另外为给商务会议提供周到的服务，酒店设有专门的等候区用来接待与会人员，以及直达电梯通往客房部和其他功能区。

【右】波涛起伏的天花像是涌动的水面，而地面的图案则选择了珊瑚礁和莲花的形式，甚至还配上了岩石和贝壳。通信设备也都藏在了珊瑚和贝壳的后面；
【左】从客房的走道往外看，可以看到努维尔的Agbar大楼。

【左】客房内的色彩以深褐色和白色为主，和建筑外立面相呼应；
【右】酒店一共有240间风格迥异的客房。这些客房像一个个透明的立方体，四周以玻璃为主，能直接面向窗外的风景。

英国建筑师 / 凯瑟琳 · 梵德雷
Kathryn Findlay

大师资料

凯瑟琳•梵德雷生于苏格兰，在爱登博格艺术大学（Edinburgh College Of Art）一年的基础课学习使她意识到建筑艺术比纯艺术更符合她个人。1973年至1979年间，她在AA学习。“萨哈（Zaha）和雷姆(Rem)年龄显得有些大了…尼吉尔(Nigel)年龄也有些大，并且正在教书”，她说。

真正同时代的是隆•阿拉德（Ron Arad）和彼得•萨尔特(Peter Salter)，她还记得雷恩•梵•斯凯克(Leon Van Schaik)、彼得•库克(Peter Cook)、克里斯蒂•霍利(Christine Hawley)和拉鲁夫•克朗维尔(Ranulph Glanville)，她认为他们才是对她有影响的老师。

拉鲁夫•克朗维尔(Ranulph Glanville)是教授控制论的老师，他帮助她了解到“无序无形其实存在某些规律”，这个概念以后促使她前往日本，在那里她于1980年继续她的大学学业，并且这个概念成为她的建筑生涯中的一个主导主题。

在日本，她遇见了她以前的拍档Eisaku Ushida并嫁给了他。和她一样，Eisaku Ushida也在为Arata Isozaki公司工作，他的画画得很美。尽管他们接到了一系列项目，但是仍有不令人满意的地方，或许是在那里缺乏创造性的互动，而这却明显是她擅长且渴望的。

设计风格

波纹效果——梵德雷的设计思想。如果你不曾出现在为一项2，500平方米的公寓项目，为游泳池添设玻璃屋顶或者对一座南部城市的重新规划项目举行的招标会上，又或者你今年早些时候从未在皇家学院遇见过她，你仍然可以在清晨的报纸上看到她的言论。

在为金融时报（Financial Times）做的访问中，她坦陈她最喜欢的电影是《第三个男人（The Third Man）》——她说：“……它在一些不同的层面上来表现自己的内容…地下的追逐场景实际上是暗地表现了一种‘心理分析’”。

但是每日电讯（the Daily Telegraph）——如其往常一样保守——撰文表述了每个人早已预料的观点，称她为“下一位著名英国建筑师”。这样的观点并不只是意味着她已经很出名，甚至不只说明了她自己能在不同的领域中展示才能；它还使得人们通过发现她那不同寻常的生活故事与奇特的建筑特点之间的相似点，来消除对她、对这个说法的不信任感。

编者的话

在竞赛中，梵德雷击败了包括蒂姆罗

纳德和约翰麦克阿斯兰在内的一批对手，她提出了一个蜿蜒起伏形状的规划设计，其目的是突出环状线圈效果，这也是那些海边生物（从贝壳到海马）的特征。它的球根形状让人联想起翻沉的船只，它的木质外墙面材料也让人们把它和一些旧时的海边木屋联系起来，那些木屋的原始用途就是用来挂起并晾干渔网的。

外观形式遮蔽下是一个依自然环境建起小型的广场和一套富有想像力的照明系统，它使整个新建建筑在船状外形（“不只是作为简单的皮肤，比之更加奔放”）下闪闪发光，注视这整个区域。其中还有一家咖啡馆和一间上等海鲜餐馆，它们的目标是拓宽观光消费者的范围，另外，情况允许的话，里面还会开辟一间艺术画廊。

梵德雷拥有融合大众化和特殊化的奇特才能，她说：“我们只是涉及到了一幢建筑的设计，但是我们需要考虑的波纹形状的数目却是庞大的。”这或许可以很好地描绘出她给当代英国建筑带来的影响。V

从另一角度看电梯厅；当人们从中通过时，灯会自动打开，像被施了什么魔法似的。更为重要的特色是，梵德雷在设计中融入了女性的柔美，温和的线条结合梦幻般的色彩，营造了一方云上的天空。

The Flow of Light
流动的光

地点_西班牙马德里
设计_Kathryn Findlay

凯瑟琳•梵德雷（Kathryn Findlay）设计的酒店房间营造了一个允许人们沉思的空间，可以任由人们自由体验漂浮于云端的感觉，几乎察觉不到微风的吹拂。Jason Bruges 与 Findlay 合作为大堂和走廊打造了一套互动式的灯光设备，当客人经过时就会自动照明。

在这里，人们可以肆无忌惮地放松和休息，也可以随心所欲地冥想和做梦。这种感觉还来自于电梯厅和走廊中的交互式灯光系统，当人们从中通过时，灯会自动打开，像被施了什么魔法似的。更为重要的特色是，梵德雷在设计中融入了女性的柔美，温和的线条结合梦幻般的色彩，营造了一方云上的天空。她完全不用常规的思路考虑墙壁和门的设置，人们只要轻轻地触摸一下设计在旁边的感应器，就可以轻而易举地从门进出。在房间中，大幅的白色帘子取代了墙的作用，分隔浴室和卧室。

流动的光——实践她关于建筑是由四周空间、外貌、结构和内部空间配合而成，缺一不可。洁白的色彩，曲线的墙顶面，素雅的灯光使空间的现代感更强。流线型的家具更显强烈的运动感，给人以梦幻的感受。V

【左】灯光记录了人们的匆匆步履，使得空间更为人性化；
【右上】驱散莫名的糟糕情绪，让心情变得明朗起来；
【右下】平面图。

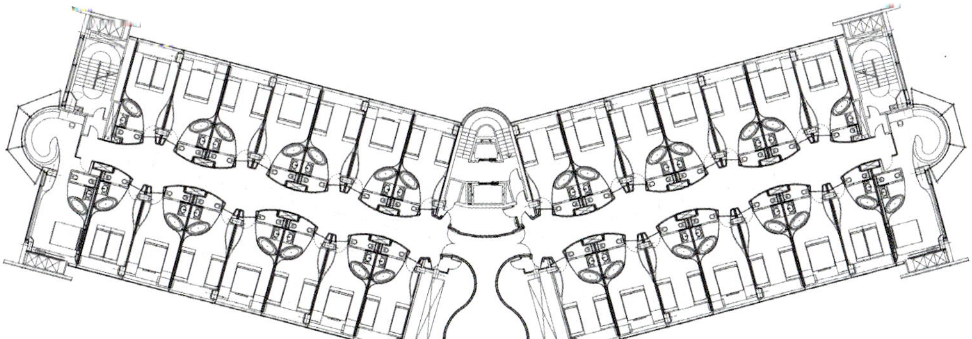

【左】浴缸、水池和天花，风格合而为一；
【右】洁白的色彩，曲线的墙顶面，素雅的灯光使空间的现代感更强。流线型的家具更显强烈的运动感，给人以梦幻的感受。

日本著名建筑设计师 / 隈研吾

Kengo Kuma

大师资料

隈研吾，日本著名建筑设计师，享有极高的国际声誉，建筑融合古典与现代风格为一体。曾获得国际石造建筑奖、自然木造建筑精神奖等。著有《十宅论》、《负建筑》。1954年生于日本神奈川县，1987年建立“空间设计”事务所，1990年创办隈研吾建筑事务所，近期主要作品有马头町広重美术馆、那须石头博物馆、长城脚下公社——竹屋、“水/玻璃”和1995年威尼斯双年展“日本馆”等，并赢得了多项国内国际大奖，包括芬兰自然木造建筑精神奖(2002)、日本建筑学会东北宪章设计大奖(2000)和日本建筑学会奖(1997)等。

设计理论

“让建筑消失”——建筑怎样才会消失呢？他尝试用无秩序的建筑来消去建筑的存在感。东京被称为是无秩序的都市，老的、新的、大的、小的、人工的、自然的，所有一切都杂乱无章地混合在一起。这既是亚洲都市的常见的缺点同时也是魅力所在之处。隈研吾考虑把这种混沌实现在一个建筑中，使它与周围的混沌融为一体。他的建筑师生涯就从这里开始了。当时是20世纪80年代末，东京正值经济景气充满活力的好时代。20世纪90年代后情况变化。泡沫经济的破灭使建筑项目剧减，他尝试让凸显的造型性存在形式反过来变为凹陷隐蔽的形式。在原来山顶公园的地面上，筑造一个剖面呈U字形的混凝土构造体，然后在上面堆土、植树，恢复山的原来形状。建筑看上去只是在山顶大地上开了条缝，而且只有从空中鸟瞰才看得见这条缝，从地面人们看到的只是山。如果说通常建筑的存在形式是造型性的，这个展望台就是空洞性的，采用了造型的逆转形式，建筑的形态被抹消了。尽管如此，在这个建筑里人们在经验上对建筑空间秩序（sequence）的认识还是确实地存在着。通过做这个建筑他发现了以体验性的建筑，以作为现象的建筑来取代从前的建筑形态的可能性。

玻璃幕墙往往隔断了环境与主体的联系。不是只要使用透明的玻璃就能成为开放性建筑的。又比如京都的町屋，面向街道的门面部分多装有木格子窗，这种木格子窗把室内外紧密地联系起来。要成功地做到这种联系，需对粒子的素材、尺度把握得非常细致慎重。首先要对构成外部环境的素材与尺度进行解析。对作为内外媒介的粒子进行设计时也要选择恰到好处的素材与尺度。需对在环境中不断变化的主体的活动进行分析。

主体相对于粒子的距离、主体在场地中以怎样的速度移动，解开这个多元方程式，可以决定粒子的素材与尺度。对于建筑来说最重要的不是形态或造型，而是构成这个建筑的粒子。成功地设计出最合适的粒

子，建筑与环境就能相互融合，建筑也就消失了。在这样的思考与实践中不是简单地把建筑埋起来而是用把建筑粉碎解体的方法来使建筑消失的可能性。粒子的设计完成了，其他的因素，如平面、形态也自动解决了。传统的设计流程是首先决定平面和形态，最后再考虑室内外分界部分的细节。

现代主义也宣称追求建筑的透明性，其目的还是没有脱离要建造一个对立于环境的强烈造型。勒·柯布西耶做混凝土的造型建筑，密斯追求透明性，但其本质是以玻璃的造型体与自然进行对比。

设计言论

"干脆我们来尝试一下把一块石头放在现实的路上，认真思考一下如何放置这块石头，看会发生什么事情。我有一种冲动想把这种行为叫做建筑设计。"

"在这种自然融合文化上，我觉得有很大的不同。I.M.PEI（贝聿铭）作为20世纪的建筑师，他那时期自然融合的方式，在于建筑体本身，基本上是以混凝土为主体，加入玻璃透光的元素进来，他那种融合是有限度的。到了如今，我希望把这种融合放得更大，不但是希望"破坏性"更大，而且是以这种融合为主体，这点是我觉得我和I.M.PEI最大的不同。" V

往瑜舍的大堂走去，就像进入了一个时尚的和有当代中国艺术的艺术博物馆。酒店随处可见简约的时尚感，同时也在细梢末节处委以中华古典意蕴，自然有序的结合只为了提供最舒适的享受

Urban Oasis
城市的绿洲

地点_中国北京
设计_隈研吾 NHDRO设计事务所

瑜舍是一个豪华时尚酒店，它是香港太古集团“三里屯Village”的一部分内容，为低密度综合商业项目。据说“瑜舍”得名于一个中国汉字，指院落中正房对面的建筑，通常为房主的贵宾所居，看来这又是一个深藏东方传统文化内涵的建筑。东方传统居住文化的表达总是难以离开我们既亲切又为之骄傲的院落，因为在我们对传统的记忆中院落是精神和物质的核心，也是文化活动的空间载体。

瑜舍一共设有99间客房，分6层，环绕于大堂的四周。99间客房之中半数以上的面积超过了70 m^2，房间之大北京罕有，其中45 m^2的有43间，70 m^2的有46间，95 m^2的7间，还有面积达115 m^2的开放式客房两间，以及180 m^2顶层复式带空中院落的套间一间。客居者和院落的关系乃是设计者努力刻画和表现的主与客之间的相互关联的一种物质表达。

客房环廊的处理亦是公共区域设计之中的亮点，走廊的一侧是极简约风格的玻璃栏板，精致的构造处理使栏板保持了最大程度的通透状态，向中央那个巨大的共享空间敞开着。走进这条走廊，立时一种依稀朦胧的乡土气息扑面而来，将人诱入时间的陷阱之中。同时这种连续性和整体性的强化也达到了一种隐蔽的效果，它强有力地创造出一个界面来划分共享和私人的空间，不能否认这是一种对个人和公共性质之间的“有趣”平衡。V

在酒店设计中，设计师完全破除传统酒店的间隔限制和刻板模式。他用一座晶莹的马赛克“抽屉墙”分割大厅空间，隐藏起酒店前台的繁复设施，创造明亮简洁的视觉。数件东方题材的艺术作品清淡随意。光线自由在空间流转。

无论是去楼上客房，还是去地下空间，都要通过同一组电梯——巨大的红色墙幕，通透、灵动的材质表现。

前往地下一层会发觉别有洞天，一个采用中国传统“五行”理念设计的空间。率先进入的是”鸡蛋电梯 ”,寓意生命之初，代表土。

THE EGG

【左】地中海餐厅外的走廊；
【右】地中海餐厅Sureño餐厅：设计雅致，气氛轻松，选用来自欧洲南部最新鲜的食材。餐厅内设有火炉，可为客人提供各种特色的烘焙食物，代表火。

餐厅大厅设置了巨型镜子，让客人观赏精彩烹调过程，代表木；越过多扇青铜大门及水道后，则会到达5个内设私人贵宾厅的“匣子”，诱惑且具有神秘感，饰以淙淙流水，保证客人的完全隐私，代表水。

Punk酒吧，是当中惟一的透明匣子，四周围绕着粗糙破损的金属幕帘，极具摇滚风格，而其中的木制桌椅、洁净平滑的水泥吧台，圆滑见方的凳子，配以华丽吊灯，为酒吧塑造极尽奢华与狂野摇滚兼容的风格，代表金

客房走廊大面积的使用自然而绿色的木质材料；酒店有98间大小不一的客房，面积在45m²到115m²之间，其中包括空间充裕的9间套房。另外，顶层还有一间带露台的复式阁楼（Penthouse）。

每个房间的迷你酒吧、电视、音响、DVD都是隐藏设计，如果不需要，它们就会自然地退到属于该有的位置上，还你以简约。而如果你需要消遣，只需拉开隐形门，另一个小世界就呈现在你眼前了。下图为房间的不同局部。

Liu+de Biolley设计工作室
Liu+de Biolley

设计档案

Liu+de Biolley设计工作室是由设计师刘利年和翠翠（Jehanne de Biolley）组成，他们的设计让置身于其中的人体验到更多的建筑和空间之外对传统文化、历史的缅怀以及试图寻找一种恰到好处的新旧文化的糅合方式。

刘利年，国际纸业设计师学会永久会员，《缤纷》杂志创意总监，家具设计师，家居陈设艺术师，色彩与灯光设计师，著名演员，导演，刘刘家具设计营销有限公司总裁兼首席设计师。

设计访谈

原来，跨界，就来自他的生活——有多少人，还记得童年时的创作？刘利年在童年的时候，他就经常观察身边的事情，发明创造一些稀奇古怪且非常实用的东西（艺术品）。这些来自生活的创作方式，刘利年从小就学习了很多，并且都能记下来。很多日后的创作方式，就来自这种童年的潜移默化影响。

在创作中学习——1989年，33岁的刘利年孤身去了加拿大多伦多，一切从零开始。在加拿大，怎么也学不会英文的刘利年，在一部获得奥斯卡提名的电影《黑袍》中，扮演了一个不需要讲英文的印第安人。而在拍摄过程中，竟不知不觉就学会了英文。“我天生就不是学习型的人，只能在创作中学习。如果在课堂里，永远是在做白日梦。”因为这部电影，他认识了很多朋友，成立了自己的电影公司，还受邀去加拿大电影研究中心讲授东方电影。另外，刘利年在一个偶然的机会里，帮助朋友设计一个别墅平台，结果得到了大家的认可，由此，慢慢开始真正介入到了设计行业。

生活只要智慧，就可以有滋有味——在国外的生活，让刘利年重新思考了一次人生。他发现，原来在哪里生活，本质上都是差不多的，就看你追求的是什么，如果追求生活得有滋有味，在哪里都是一样。只要有智慧，就可以生活得很有意思。于是他回来了，带着他从生活和创作中学到的各种知识，继续着他的电影、他的设计、他的创作、他的跨界生活。如今的刘利年，与来自比利时的妻子翠翠共同创立了Liu+de Biolley设计工作室，从酒店设计到电影指导，从家具、珠宝设计到艺术指导与监理，他们在选择任何能够激发创造激情的项目。因为，“只要一创作，我就激情无限，几天几夜不睡也特别愉快。”

设计作品

杜革酒店（DUGE）——一个由四合院改建的艺术精品酒店。这个四合院虽然坐落于繁杂市井，却与生俱来就带着贵族的血脉，它曾经是18世纪清朝三代大臣府邸的

一部分，而今更为其注入了文化和艺术的血液，让她在现代文化中赋予新的使命和意义。

“运用蒙太奇手法使镜头的衔接产生新的意义，丰富艺术的表现力，增强艺术的感染力，而这种镜头与镜头的组接关系，也包括时间和空间、音响和画面、画面和色彩等相互间的组合关系。以及由这些组接关系所产生的意义与作用等。”这看起来是一个关乎电影的术语和理解，殊不知，蒙太奇原本就是取材建筑术语“Montage”，1915年，达达主义者将自己拼贴的照片艺术冠以“Photo montage”，1920年，“Montage”首次被用于电影理论并发扬光大。

艺术是如此相通，设计师同样也可以在空间里大玩蒙太奇手法，越有限的空间越能显现蒙太奇效应。杜革四合院艺术精品酒店就是这样一部令人惊喜的十分钟短片。

在这里，电影圈享有盛名的设计师刘利年大玩自己擅长的蒙太奇技巧，把一个个的画面映射到一个个不同的空间，合乎理性和感性的逻辑，合乎生活和视觉的逻辑；配饰专家翠翠女士深谙色彩与材质之道，惊艳的视觉冲击力配合着冲突的展开，本质的和谐催化着剧情转合，归于宁静。V

Remembering the Past
追忆古典流年

地址_中国北京
设计_Liu+de Biolley设计工作室

在实践中探讨和摸索中国文化的现代化是无数人的理想，但很多探索都没有得到有效的成绩，而在北京的南锣鼓巷，自一条寂寂小巷旁的一扇毫不起眼的小门里走进去，一个只有十个房间的四合院奢华酒店里，黑的门、红的墙，竹林掩映，寂静安然中，给了人们关于现代东方的一种新视觉体验。

北京锣鼓巷前园恩寺胡同26号，设计师刘利年和[illegible]用自己的设计给投资人杜革打造了一个关于童年的回忆和对现代中国的向往。一棵高大的老榆树旁边，两扇蓝色的大门紧闭着，轻轻按下门铃，大门打开一条缝隙，被一个邻家女孩感觉的服务员迎进大堂。

大堂只有30多m^2，中西混搭的家具、摆件布置的随意而有序，进入家中客厅的感觉油然而生。然后跟着行李生走进院子，[illegible]本由老四合院改造的小酒店，据说是清朝的[illegible]，内部的院落，院落中央加建几处[illegible]的味道。

酒店功能包括共有十个房间，一个约能容纳10余人的餐厅，一个亭子酒吧台。酒店每个房间均根据装修的风格，冠有独特的名字：牡丹亭、竹屋、西藏王国、丝绸之路......，房间的装修色彩十个房间，十种颜色；装修风格均为现代中式，家具风格也为现代中式。酒店内的十间客房包括5个套房，3个普通房，2间小房，房间面积虽然都不大，但是设计颇具匠心。套房约50m^2左右，小房只有10多m^2。酒店客房的功能基本俱全，室内设计中为弥补房间会客功能的不足，床设计为现代中式的大罗汉床，白天可坐下喝茶聊天，晚上于不经意间，酒店的服务生便撤下炕桌，换上舒适的被褥和枕头，改成舒适的大床。房间中的挂画和摆件应该部分是主人的收藏。V

大堂只有30多m^2，中西混搭的家具、摆件布置的随意而有序，进入家中客厅的感觉油然而生。整个酒店只有前后两个院子，共六间风格各异的客房拥有着不同的主题。

【左】走进院子，这是一家由老四合院改造的小酒店，据说是清朝的索家花园，两进的院落，院落中央加建几处玻璃顶棚，增加些许时尚的味道；
【右】酒店的平面图。

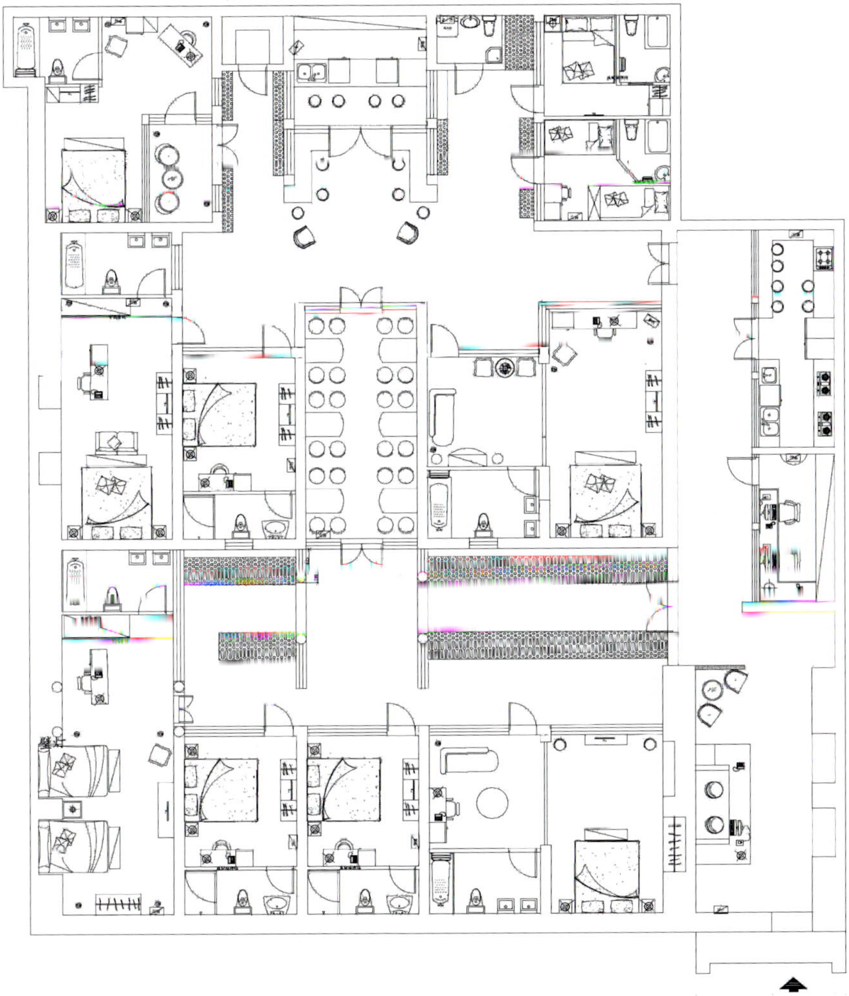

以中式传统风格为主打的中餐厅也可兼做小型会议室使用，每一处精致的规划感和设计感都使人感觉这里宛如位于紫禁城外、却不失皇室风范的世外桃源

【左】以“竹”为主题的竹屋；
【右】洁白的色彩，以“白”为主题的白宫。

【左】以"牡丹"为主题的牡丹亭；
【右】红色主题的卫生间。

当代著名的工业设计大师／马克·纽森

Marc Newson

大师资料

继菲利浦•斯塔克之后，当代最受欢迎的工业设计大师就是马克•纽森。他设计领域之广令人咋舌。从法国特福平底锅、丹麦BioMega自行车、十多人坐的长椅，再到概念汽车、私人喷气飞机。

Marc Newson 1963年出生于澳大利亚悉尼，年轻时考入当地艺术学院，修读珠宝和雕塑课程，未毕业已经在家中开始工作室，试尽不少天马行空的造型设计，终于在1986年，凭LOCKHEED LOUNGE获得国际性认同。

Newson的杰作涉及广泛，包括家具、厨房用品、汽车、飞机及店铺设计等，其特色是用料大胆和线条圆混。

设计风格

《时代》周刊早已将这位鬼才设计师评选为全球最具有影响力的百人之一，称他为“一个为世界制造梦幻曲线的人”。

“在设计中，我特别沉迷于科技、材料和工序这三样东西。”纽森说。一次，他把铝片制作成只有1.2mm厚，以便于设计出椅子弯曲的弧度；最近，他把一块差不多100吨的大理石弄弯了，制作出一把椅子。

"没有人相信大理石是可以弯曲的，但我可以做到，我寻找到的一个纯净的方法，来表达自己。"纽森解释道。纽森说："我喜欢设计椅子，但又不想满地都是椅子。"于是，他设计出一些有趣的室内空间，把椅子变成一个结构，它们同时可以成为一个个雕塑。接着，纽森继续突破，因为找不到喜欢的手表，他和瑞士一家手表商合作，自己设计、生产了Ikepod腕表。

"设计福特021C概念车的时候，我跑到意大利车厂去研究了3天汽车轮胎。"纽森说，"每一次，我进入到一个新的领域，就很兴奋，然后全力探索。"通常，在汽车业，一般不会让一个设计师完成整台汽车的设计，"但这辆福特概念车，完全是我一个人设计的。"

纽森负责设计的福特021C概念车，是全世界最受年轻人喜爱的概念车。这一次，他将一种更具年轻人的乐趣和讨人喜欢的概念，付诸汽车制造的实践。如果叫孩子们画一幅他们心目中的汽车，估计和021C有很多相似之处。"我觉得设计师，特别是年轻的设计者，要有信心跨越不同行业。"他表示，"设计一辆车、一架飞机，或者一双鞋子、一个香水瓶，我觉得都差不多。只不过是规模不同，过程一样、技术一样，材料也可以相通。"

"我最想设计一座宇宙空间站。"

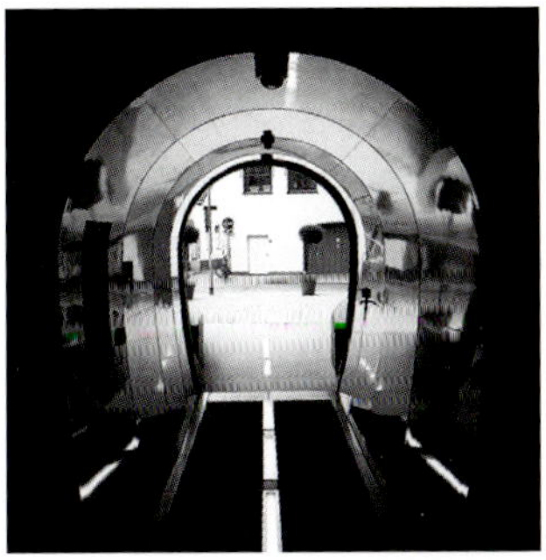

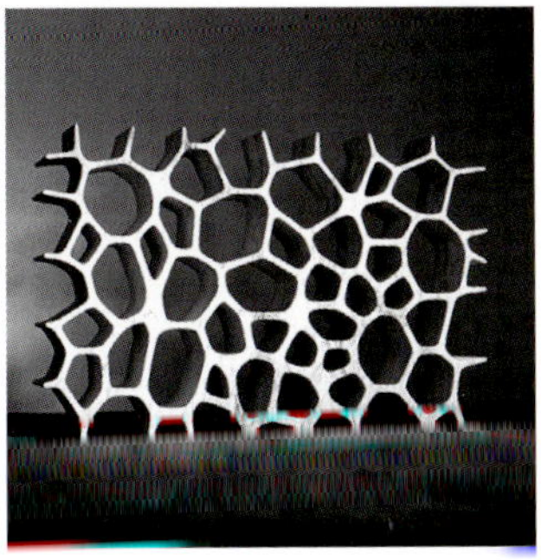

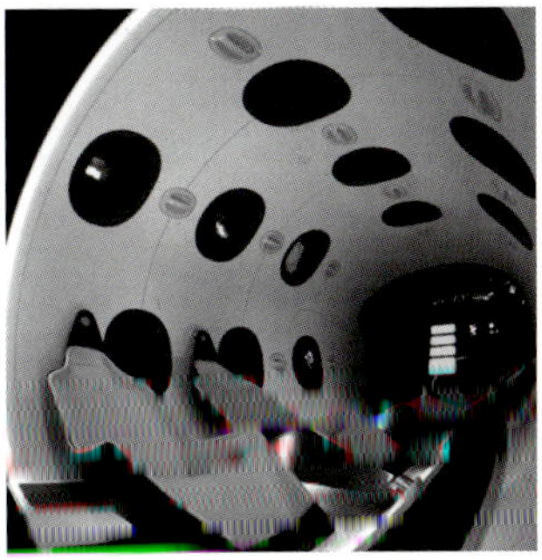

编者的话

过40岁生日时，纽森做了一件轰动整个设计界的事情—他史无前例地推出了一架不会飞的私人概念飞机Kelvin40。从小，纽森酷爱航空，为了观看飞机起飞，他曾经专门跑到悉尼机场的跑道上露营。这一次的作品，和从前绝大多数设计不一样，他没有商业客户，是为了自己，"我有些朋友居住在地大物博的澳洲，他们驾驶飞机比汽车还要多，这激发起我对设计飞机的兴趣。"

这架隐形概念飞机，耗资庞大，虽有卡地亚基金会参与支持，纽森还是为了这架飞机大掏腰包，并且为它花了整整两年时间，一年做研究，一年做计算机设计工作。由于设计飞行需要太大的技术支持，目前这架外形前卫的小飞机，只能停在卡地亚基金会展览中心，并不能在空中试飞，投产之日遥遥无期。不过，这名从小热爱制造、在漂泊中长大的男人，到底还是实现了自己的一个小小梦想。V

Contrast Space
冷暖结合的空间

地点_西班牙马德里
设计_Marc Newson

马克•纽森的设计作品，综合了冷感和暖感材料的空间。他用各种各样的自然材料生动的表现了现代生活的多样性。客房内部装饰了大量产自意大利卡拉拉地区的白色带蓝条纹的大理石，大块的石材和红色的织物形成了强烈的对比，创造出一个立体的空间。

灯光及灯具型式的合理布置和选择，区分了空间不同的使用功能。具有地方特色的花式细部处理，使餐厅更富有高雅情调。休闲廊的设计简洁淡雅，给人宁静的感觉。

电梯厅的设计色彩运用大胆，有标志性。在这里，全部是用红色处理过的木材装饰起来的，抛光的漆面像镜子一样光亮。V

【上】电梯厅的设计色彩运用大胆，有标志性。在这里，全部是用红色处理过的木材装饰起来的，抛光的漆面像镜子一样光亮；
【下】橡木、织物和红色的油漆共同组成了一个纯粹、安静、时尚的空间。

【左上】意大利卡拉拉特产的白色大理石光滑得像镜子；
【左下】卫生间；
【右上】平面图；
【右下】床被故意设计成一个孤岛，被层层软垫包围。

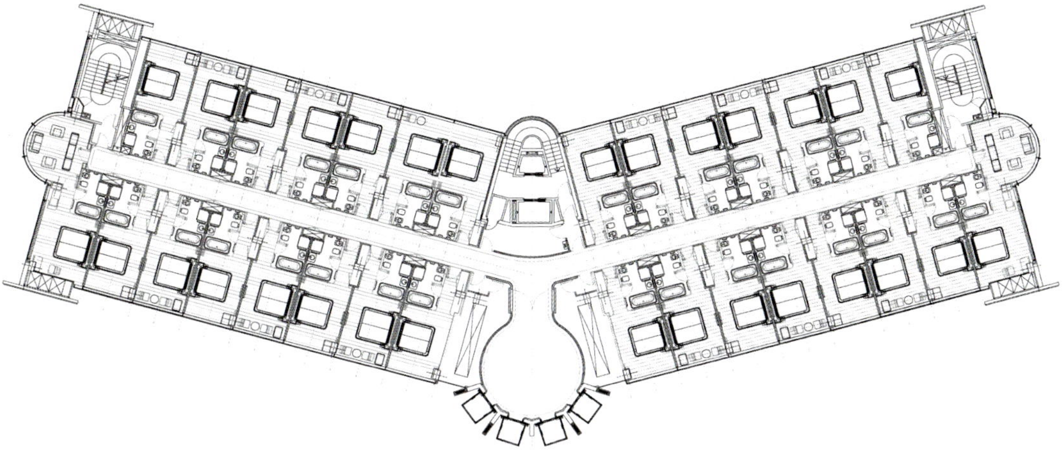

Mark Lintott

英国著名设计师 / 林马克

大师资料

曾设计了台湾著名夜店Opium Den、Plush的英籍设计师林马克（Mark Lintott），以其丰富的夜店设计经验，为追求设计品位和生活质量的都市达人提供了一个戏剧般迷离新鲜的旅居体验。

在台北生活工作了20年的英籍建筑师Mark Lintott以自己最拿手的夜场设计经验，为处于三里屯地段HOTEL G带来了充满娱乐气质的酒店风格，并以1960年代好莱坞剧场风格打造出现代独特的旅行居住空间。

设计风格

影响旅馆的设计形式有很多因素，在这个层面上，Hotel G 并不例外，它意在设计一个既难忘又有魅力的旅馆。它的设计初衷是将简约风格和低调的华丽揉合为一体，它是一座奢华的旅馆，但它的奢华来源于经验，而非仅仅停留在价格抑或物质理念上。

编者的话

Mark Lintott打造Hotel G 好莱坞式的波普娱乐。谙熟夜店的英国籍设计师MarkLintott 在台北工作20年，台北最重要的夜店好像都与他脱不了干系，Hotel G 请他来三里屯打造精品酒店，面对周边已成气候的潮流餐厅与酒吧，

出手依然是最熟练的夜场风格——Mark Lintott 将之定义为60 年代怀旧的好莱坞风格。

Mark Lintott在设计Hotel G时将各种聚会以及颓废不羁的风格，颜色喷溅的斑点和传统图形构成的天然纹理图案，并结合了现代的暖色系的应用。用紫色主打酒店的色彩，期望客人能在跨进旅馆的同时，感受到扑面而来的一种氛围。

【左】每间客房窗上的LED灯将夜晚的Hotel G装饰成美丽而巨大的时尚招牌；
【右】平面图。

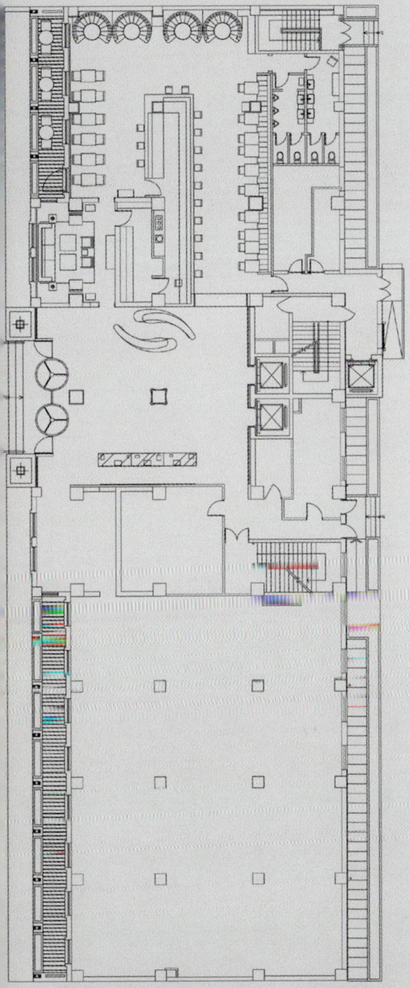

Simple and Gorgeous 简约和华丽的揉合

地点_中国北京
设计_Mark Lintott Imaad Rahmouni

在众多时尚餐厅和酒吧聚集的三里屯，白天的Hotel G以深紫色体块显得个性而稳重；而当夜色袭来，整齐的客房凸窗在LED灯的映照下从深色背景中跳跃出来，使酒店立即切换到动感、梦幻的夜生活氛围中。

对比于三里屯的喧闹，酒店的大堂显得格外空旷，像是剧目开演前的舞台，暗色的背景中，几处特别的灯光格外引人注目。右边墙上的射灯标示了服务台的位置，4块红色显示屏让人联想起票务房墙上的滚动信息。大堂左侧精致的不锈钢雕塑在周围的暗色里像是临时安放在此等待搬运的道具，向宾客透漏出一丝剧情的信息。因为是改建，一根柱子正落在大厅中间，但通过Aston Martin内饰皮革的装饰，却像是精心安排用来划分空间的装置。绕过柱子便是一整面由光纤灯泡布置的电梯墙，密集闪烁的霓虹光色诱发你内心的娱乐欲望，让提着行李箱的你对客房充满期待。

出了电梯，眼前是一条幽长的走廊，天花板上的灯具像演员上场时的聚光灯一样在地毯上投射出巨大的光斑，并为墙上的皮质墙纸勾画了细腻的质感，你会感觉这短短的路程被特意拉长，期待的心情在这行走过程中酝酿升温，直到你打开房门揭开谜底。

客房的设计突出了灯光和颜色的搭配。紫色和咖啡色的混搭给人神秘、富贵和复古的感觉。暖色的灯光经过精致水晶珠帘的过滤，给暗色背景印上闪烁迷离的光斑，而铺着丝质床单的大床则让你平日超载的身心有了一种回家般的轻松，去体会克鲁格（Kluge）在《电影与公共领域》中所说的使自己重新活起来，让感官自由奔驰的轻松。

当身体和精神完全放松，你会在漫不经心中发现时尚另类的房间中融合着中国传统细节的精妙：天花和墙面装饰着特殊的砂岩，上面喷绘着花卉纹理，似锦缎却又多几分粗犷和新意；房间的一角倚着简化了的博古架，上面还调皮地加了两个玫瑰红抽屉；厚重的灯芯绒沙发旁散放着精致闪亮的金属坐墩，让人感到似曾相识却又新颖别致。设计师通过这些视觉片段的重组构成了此时此刻位于北京的独特好莱坞怀旧氛围。

当然，怀旧是远远不够的，设计师在房间中加入的波普风格不时提醒着宾客这是变幻的剧场，而非家中的卧房。

为让多次来访的客人有不同的体验，酒店的110间客房以不同的设计分为4种类别：Good房通过蓝色格子背景营造了丰富的想象氛围，Great房优雅的茄紫色墙面和巨大的好莱坞黑白剧照让你恍如隔世，Greater就更为大胆，直接将绚烂的红色用于整个隔间，甚至让你有即将踏上星光大道般的兴奋；Greatest则以80 m^2的奢侈面积和巨大的镜面,打造了一场亦幻亦真的视觉盛宴。设计师Mark Lintott不愧为夜店设计高手，能将这些繁复色彩拿捏得恰到好处，让单一的空间透出不同的性格。宾客甚至可以随心选择窗口的LED灯颜色，将客房映上自己喜欢的色彩，在标示自己存在的同时，也在不经意间加入了这布景的设计。

在餐饮娱乐方面，Hotel G也有不凡表现。酒店内有3个独特出众的餐厅：位于一层的顶级精致汉堡餐吧25 Degrees、位于8楼和10楼露台的时尚顶餐吧Gilt，以及高雅细致的日本料理Morio。

客房的设计突出了灯光和颜色的搭配；紫色和咖啡色的混搭给人神秘、富贵和复古的感觉。Greater房中热情的红色墙面和黑白海报充满了好莱坞时尚感。

Good房通过蓝色格子背景营造了丰富的想象氛围；Great房优雅的茄紫色墙面和巨大的好莱坞黑白剧照让你恍如隔世；Greater就更为大胆，直接将绚烂的红色用于整个隔间，甚至让你有即将踏上星光大道般的兴奋；Greatest则以80 m^2的奢侈面积和巨大的镜面，打造了一场亦幻亦真的视觉盛宴。

其中率先开业的汉堡餐吧25 Degrees位于酒店大堂左侧，是洛杉矶罗斯福酒店同名餐厅的姐妹店，由Philippe Starck的入室弟子，法籍阿尔及利亚裔的著名设计师Imaad Rahmouni操刀设计。与大堂空旷的布景不同，这里的演出正是高潮。正如总经理Nikolaus Ellrodt所希望的：走进酒店大堂的客人会有一丝是先放下行李入住还是先浅尝一杯鸡尾酒的犹豫。丝绒图案的深红色墙纸在灯光的渲染下富丽而热情，餐厅正中摆放着Murano 红色镜面长吧台，加强了空间的纵深感，吧台上倒映着上空银灰色的天花板，Tom Dixon设计的球形铜灯从上面错落地垂下来，像是悬浮在餐桌上的天体。柔和环境背景下的暖色灯光将环形皮椅围起的用餐空间营造得亲切宜人。而身着著名服装设计师韩枫（装潢专业出身，曾为《蝴蝶夫人》设计剧服）设计服装的酒店工作人员，则让这本已剧场化的空间更加活灵活现。

在充满着各种惊喜、变化与幻想的现代都市，设计师敏锐地捕捉到空气中游离的娱乐气息，用印象、瞬间和畅想在Hotel G中拼贴出别致的装饰影像，和管理者、员工、宾客一起打造了这一视觉的奇幻世界、娱乐崇拜的社区以及一次绝妙的剧中旅居体验。V

【左】天花和墙面装饰着特殊的砂岩，上面喷绘着花卉纹理，似锦缎却又多几分粗犷和新意；厚重的灯芯绒沙发旁散放着精致闪亮的金属坐墩，让人感到似曾相识却又新颖别致；
【右】在餐饮娱乐方面，Hotel G也有不凡表现。

丝绒图案的深红色墙纸在灯光的渲染下富丽而热情，餐厅正中摆放着Murano 红色镜面长吧台，加强了空间的纵深感，吧台上倒映着上空银灰色的天花板，Tom Dixon设计的球形铜灯从上面错落地垂下来，像是悬浮在餐桌上的天体。

意大利设计大师/马蒂奥·图恩
Matteo Thun

大师资料

无论研究材料、产品或项目，图恩把早期的探索和学习作为未来事业的催化剂。“我父母在博尔扎诺有个陶瓷厂，妈妈是设计师”。在奥地利的萨尔茨堡，他自幼学习雕刻和绘画。然后，他在佛罗伦萨大学获得建筑博士学位。从列奥那多•达芬奇的鸟图中获得灵感，图恩完成有题为“滑翔的翅膀”这篇有关飞行风筝的论文，以此为由在1975年参加加利福尼亚大学洛杉矶分校。“我真地花了一年时间而无收获”他坦言。但是，在那里他遇到了索特萨斯，并引导了他去米兰。

设计评价

1984年，他开了自己的工作室。今天，图恩公司在米兰雇用50名员工，不久后在慕尼黑开设小型办事处。在小规模的表演结束后，他为斯沃琪（Swatch）设计手表，为德国唯宝(Villeroy & Boch)设计瓷器餐具，为TVS铸造铝不粘锅，为卡特雷诺（Catalano）设计浴室产品。作为一个运动品牌，他设计白色空白咖啡杯，随后由250名国际设计师和绘画艺术家装饰。他还设计了些办公椅。“我尽量避免设计家具，”他说，“因为家具设计比不过著名的艾米兹、勒.柯比西耶或者密斯。”

图恩不断攀升，他在意大利风景区留

下他设计的活动房屋和私人别墅。商业设计包括建立日内瓦新的联合国大厦；在米兰、罗马、纽约设计米索尼（Missoni）品牌商店；米兰、巴黎和伦敦设计斐乐（Fila）商店；在德国城市柏林、慕尼黑和汉堡设计保时捷展室，这是向世界进军的初次展示。目前，他热衷于设计酒店。"我花了20年往返于欧洲和远东，我成为酒店消费者。酒店设计还有很多可以做。不是像在菲利普•斯塔克识别设计因素，而是寻找一个地方的设计灵魂。在汉堡，他设计的边缘酒店"通过使用颜色引发人们欢乐和情感的体验。"

编者的话

图恩的各种学科体验扩展到通讯、包装、影像和潮流定位。酒店的设计构思来源于"动力集装箱"的概念。设计师Matteo Thun在解释自己的设计时，用了"Design Fluid"这个词语。把这个颇有动感的词语用在本是静态的建筑物身上，表达了设计师想让酒店改造后在功能和形式上都有不错的可变性的愿望。同时这个词语也传递了设计师这样的设想，要把NHOW变成一个大的秀场，尽情展示精心构思的每一处设计。而事实上，酒店的大多数家具本身就是家具设计公司的展品。V

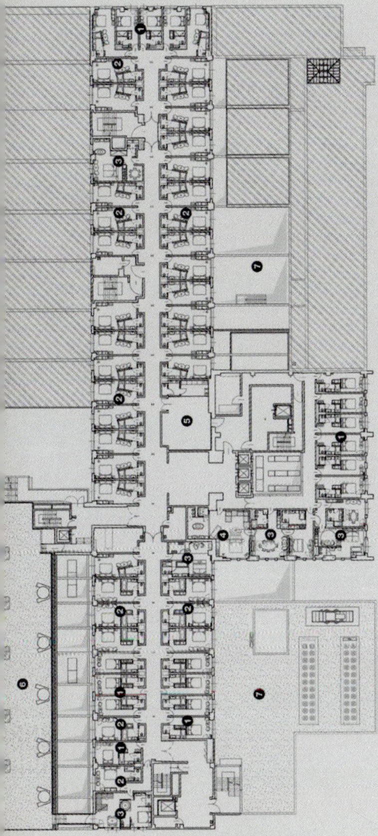

Design Fluid
流体设计

地点_意大利米兰
设计_Matteo Thun & Partners

在夜色中下榻Nhow酒店或许是最好的选择，酒店内的粉色灯光在正门漆黑的前区里若隐若现，似有一丝引诱的味道，走进去发现这里确实是一家令人无法抗拒的“色诱”酒店：粉色的亚克力自动滑门里面，一位高大英俊的黑人服务员站在前台后，似笑非笑地看着你走近他，天花上悬挂的桔色水晶吊灯与大堂黑色墙壁上的一幅幅现代派画作，都令人感到这是一间充满米兰特色的性感的精品酒店。

我们不得不说这里是现代意式文化魅力与酒店设计结合的最卓越的成果，酒店从里到外都洋溢着当代意大利的艺术色彩，造型各异的椅子和墙壁上颇具漫画风格的各种现实题材的油画，使我们与现代欧洲城市的时尚文化来了个亲密接触。尤其令人印象深刻的是酒店一层的公共卫生间，男女卫生间竟然通过洗手池的精心设计而相互通连，男女客人在这里共用一个洗手池头，互相之间还可以交谈，甚至能够看到对方的部分身体，有趣之极。米兰永远给人性感与惊奇。

酒店的大堂完整地呈现了“Design Fluid”的设计理念，形式和功能的变化和转换展现了文化的多样性。类似折衷主义的处理手法，把各种元素糅合在一起，工业化进程的遗留物，现代艺术风格的装饰还有带有古典韵味的家具和摆设。最特别的地方是设计师在酒店改造过程中对建筑中原有的柱子进行了处理，仅保留槽钢的部分，直接在槽钢表面进行粉刷，并用灯光做配合。和大多数设计不同，设计师没有把结构柱子藏到墙里面，作为房间之间的分割，而是大胆地突出槽钢，把槽钢竖在房间和房间之间走廊的正中央，极为显眼。

【左】酒店接待台；
【右】一层平面图。

Vip区的休息区，三盏吊灯均是出自Jacopo Foggini之手的名品——“花”。而餐厅入口处的超大尺寸的灯具也是出身名门，那是Catellani & Smith的设计作品。酒店的其他家具大多由Matteo Thun先生自己设计，看似平淡的家具在艳丽的背景衬托下显得更加高雅。白色树脂漆的家具和工业建筑给人的粗犷感觉完全不同，是那样的安静和优雅。

酒店的设计不仅仅满足单纯功能需要，而是确确实实从客人的实际需要去考虑。这个自由布置的概念来源于美国盛行的loft设计，每个平面的功能都不是严谨的区分，处在一种“流动”的状态。另外，尽管家具都是可以叠放的简易形式，但在家具样式的选择上却是和室内环境高度一致，它们强调了室内每个空间的不同特质，增强了视觉上的冲击力。

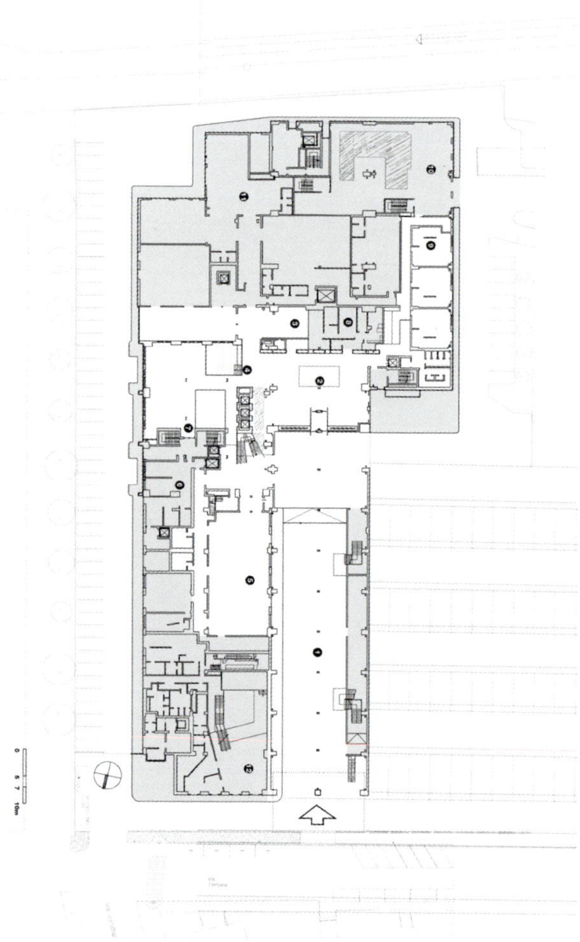

【左上】电梯间的休息区；
【左下】标准层平面图；
【右】餐厅区超大尺寸的吊灯 。

酒店的两个新的部分不久将开放——SPA馆和总统套房。说起这两个区域，只能用“奢华”来形容。SPA馆包括桑拿房、蒸汽浴室和按摩浴池。轻柔的灯光下，竹子、大理石和原木相互映衬。SPA馆还可以租用给个人，在这几个小时里这里会是你的私人SPA馆，原有的床和椅子都可以撤走。总统套房位于这座钢结构建筑横跨24 m的拱顶下方，上下两层，每层260 m^2。这里把设计师“流动”和“多功能”的设计思想体现到了极致，白色的开敞空间、位置极佳的会议室、客厅和卧室，当然还有精心选择的家具和摆设。V

【左上】标准间以实用为前提；
【右上】标准间平面图；
【左下】标准间立面图；
【右下】标准间的浴室，椭圆形的浴缸曲线优美。

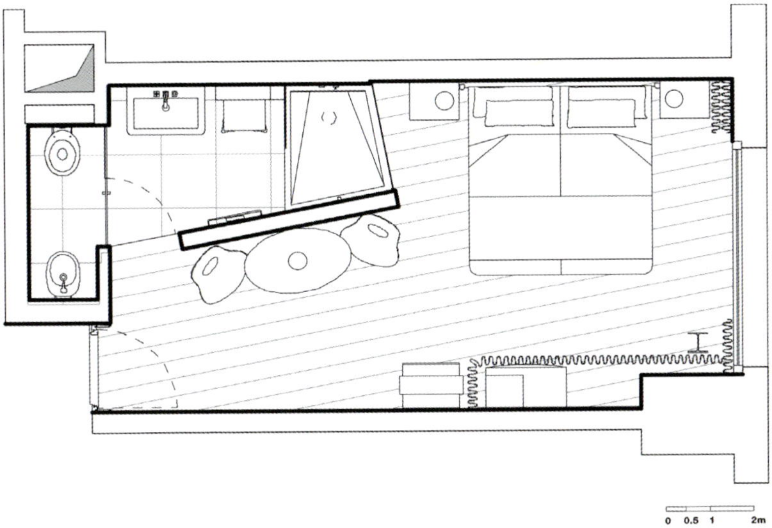
0 0.5 1 2m

英国著名建筑家 / 诺曼·福斯特
Norman Foster

大师资料

诺曼•福斯特（Norman Foster）于1935年出生在曼彻斯特，1961年自曼彻斯特大学建筑与城市规划学院毕业后，获得耶鲁大学亨利奖学金而就读于Jonathan Edwards学院，取得建筑学硕士学位。1967年福斯特成立了自己的事务所，至今其工程遍及全球，并获得190余项评奖，赢得50个国内及国际设计竞赛。他因其建筑方面的杰出成就，于1983年获得皇家金质奖章，1990年被册封为骑士，1997年被女皇列入杰出人士名册，1999年获终身贵族荣誉，并成为泰晤士河岸的领主。

自1991年以来，福斯特获得密斯•凡•德罗奖的欧洲建筑大奖、法国建筑协会金奖；美国艺术与文学学会阿诺德•W•布伦纳纪念奖、美国建筑师协会1994年建筑金奖、UniversidadInternacional' Menendez Pelayo'金奖，Santander, Spain1995"；法国文化部的艺术与文字顾问团高级顾问"；the Order of North Rhine-Westphalia;MIPIM 年度人物奖"；"Building"1996 年度建筑师名人奖"；因为巴塞罗那城市建设所作贡献获得the' Premi a la millor tasca depromoció international deBarcelona'荣誉"；1997年特许设计师协会银奖"；1999年入选德国联邦杰出人物名册"；Walpole 杰出成就奖"；并于1999年荣获第21届普利策

建筑大奖”；1995年事务所被授予皇家出口奖。

设计评价

福斯特卓越的建筑和公众项目改变了城市面貌，更新了重要的运输中心，使城市中心恢复了活力。福斯特是一个雄心勃勃同时也不断受到争议、难以归类的建筑师，他成功地将坚定不移的现代建筑信念与对历史建筑的巧妙改造结合了起来。福斯特的成就是巨大的，特别是从上世纪80年代之后，福斯特及其合伙人的作品成为时代建筑的重要标志。虽然他和英国建筑家罗杰斯都是高科技派建筑的代表，然而我们今天所看到的现实是，福斯特以压倒的优势，成为“世界性建筑”的领军人物。那座2005年12月15日，在法国南部塔恩河谷竣工的，高度竟然超过埃菲尔铁塔，桥面与地面最低处垂直距离达270m，全世界最高高度的米约大桥，就是人类的创举。

编者的话

世界的福斯特——我们很少使用“世界性建筑”这个评语去评价一位建筑家。所谓“世界性建筑”，是指不只是在世界各地建造，而是那种对全世界的建筑有着广泛影响力，并且在世界范围内获得普遍接受而极少引起争议的建筑作品，其中包括那些人类的创举，然而只有福斯特可以获得这一殊荣。V

织物、玛瑙等自然材料组成的安静的世界；圆弧的运用恰到好处，走道通过圆弧更现层次和进深感。客房通过圆弧分隔使使用功能与区域更为合理化。

Smart Space
灵动的空间

地点_西班牙马德里
设计_Norman Foster

优雅与柔韧，设计师是曾获得普立兹克建筑奖的英国建筑师诺曼·福斯特，用高技派的风格，创造出灵动、流动和科技感十足的空间。圆弧的运用恰到好处，走道通过圆弧更现层次和进深感。客房通过圆弧分隔使使用功能与区域更为合理化。

在诺曼·福斯特的眼里，这座大楼就是宇宙间混沌世界开始前的那一份平和，是孤立在众多繁杂事物中的单体。在空间的设计中，设计师力图使客人们沉浸在宁静之中，从而摆脱大都市的喧嚣，创造一个象牙塔般的世外桃源。从客房内部的墙壁到浴室，福斯特用了大量的玛瑙和其他自然材料。房间里的书桌和床，和洗手池的位置被重新安排了，更有家的感觉。灯光不仅仅是用来重点照明，而更多的是为了渲染安静祥和的气氛。V

【左】从客房内部的墙壁到浴室，福斯特用了大量的玛瑙和其他自然材料；
【右上】平面图；
【右下】惬意的休息区，可以让眼睛尽情享受的自然材料。

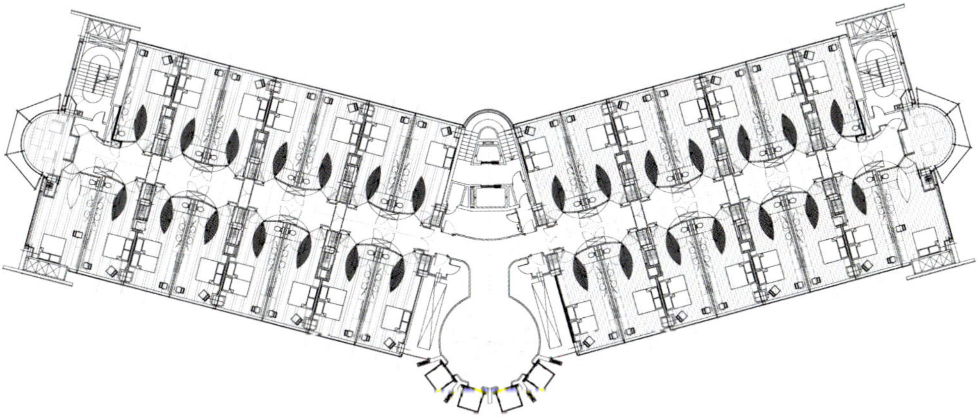

英国业界最具威望的设计组合
Plasma Studio

背景资料

Plasma Studio成立于1999年，在伦敦和意大利北部都设有工作室，是一间富有创意的建筑设计类公司。

Plasma Studio建筑理论研究与高档住宅，商务建筑和休闲建筑设计实践坚定不移地结合了起来。作为建筑协会硕士组和硕士生项目导师，Eva Castro 和 Holger Kehne 这对搭档将建筑理论研究与高档住宅，商务建筑和休闲建筑设计实践坚定不移地结合了起来。并将他们的理念进一步渗透到了装饰装修设计，展会设计和家具设计当中。

Plasma Studio向传统空间理念和标准模式发起了挑战。利用固有空间背景的复杂性，相互依赖性和战略角度的关联性，他们将一种新的组合，连贯性和复杂的空间关系衍生和建立起来。

编者的话

大胆的想象和创意的头脑在Plasma Studio完美的结合。这个源自于英国的专业建筑设计工作室，正在引领一批设计师突破传统，开启新篇章并尽情的挥洒和涂抹，开创一片灵动的想象新空间。他们是英国业界最具威望的corus / 建筑设计'青年建筑师奖'获得者，也是galvanizers协会镀锌钢板最佳应用奖获得者，更值得一提的是他们就是完成西

班牙马德里Hotel Puerta America设计的"上帝之手"。Plasma是国际先锋建筑师的代表。

他们通过整合人们日常生活当中的行为习惯，甚至光线，天气等因素，每一个设计项目都成为了一个完全独具一格的个性化解决方案。这些设计作品还汲取了业内最为专业的意见，一批富有创意的建筑类作品和材料创意应用作品应声出炉，在迎合了人们个性化需求的同时，也在理念和背景空间的复杂性上符合了要求。

在不同层面上将务实与激进思想相结合的做法，使他们赢得了英国业界最具威望的corus／建筑设计"青年建筑师奖"和galvanizers协会镀锌钢板最佳应用奖。他们的作品也各种业内平面媒体上广泛宣传，最近的有由Architectural Record 出版的"Design Vanguard"和由Phaidon Press出版的杂志。V

Strange World
光怪陆离的世界

地点_西班牙马德里
设计_Plasma工作室

Plasma工作室设计的空间完全是一个光怪陆离的世界，找不到一点传统酒店的影子，一扫酒店在人们心目中只是安静的休息场所的形象，尝试充分利用表面面积来营造不同的空间效果。在这里，运用镜面反射使空间更为复杂，更具立体感，墙面与顶面的立体肌理设计体现现代科技的完美。

设计师伊娃和霍格喜欢大胆的轮廓，整个空间像是一个巨大的时尚聚会，到处是用不锈钢三角碎片制作凹凸不平的表面，闪闪放光，设计师用简洁的直线条和一些冷酷的材料追求一种不真实的感受。在这个前卫的建筑中，不锈钢材料从大厅延续到每个客房内，甚至延续到了书桌窗台，三维构成向人们展示了它好斗冷静的一面。卫生间的隔断全是玻璃的，用鲜亮的色彩和不锈钢形成对比。V

整个空间像是一个巨大的时尚聚会，到处是用不锈钢三角碎片制作凹凸不平的表面，闪闪放光，设计师用简洁的直线条和一些冷酷的材料追求一种不真实的感受。

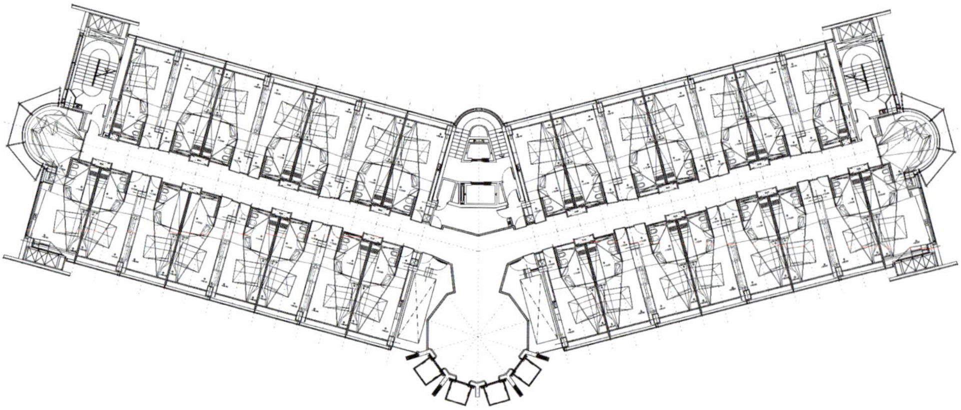

【左上】插上想像的翅膀，空间超越一切可能；
【左下】平面图；
【左上】玻璃隔断的卫生间。

【左上】同样采用几何原理的洗手池；
【左下】卫生间的隔断全是玻璃的，用鲜亮的色彩和不锈钢形成对比；
【右】客房休息区，采用与走道一脉相承的不锈钢材质。

英国著名室内设计公司 Rabih Hage

大师资料

Rabih Hage是英国一家著名的室内设计公司，公司负责人Rabih毕业于巴黎圣艾蒂安高等美术学院，是一位建筑师和画家，并拥有自己的画廊和设计工作室，这位设计师才华横溢并极具创造力，是先锋派的一员。

设计评价

ROUGH LUXE的设计和我们常见的酒店大相径庭，没有冰冷华贵的大理石地面，没有印象中那些常用的装点酒店的典雅和温和的色彩。Rabih Hage认为，美丽是一个很主观的词汇，它并不意味着完美。更何况对于一间酒店来说，有时候完美并不是最关键的，怎么样才能使这个地方让人流连，把服务做得更好来迎接宾客的到来，这些才是重点。

早在Rabih购买这个地方的时候，一个关于“进化中”的概念便已然在他脑中形成。十多年前这里曾经是一个意大利家庭式旅馆，作为一个登记在册的19世纪50年代的建筑，它是一步步“进化”至今的。Rabih直觉地保留了一些有趣的过去的室内装潢的痕迹，而非将其湮没。随着翻新工程不断进行，那些墙纸被层层剥落，显示出几个世纪之前遗留下来的，经年累月的纸糊、绘画和底漆的痕迹。一共9间客房，每间房子都有这种“解构”墙，它们和

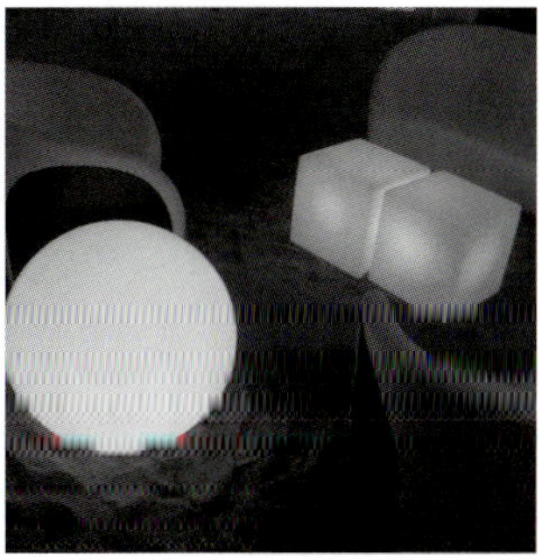

同时代别致的墙纸、壁画以及摄影作品结合在一起，形成了鲜明的对比，有着一种特别的室内空间效果。更有一些那旧时的灯具和一些装饰被保留，虽然已经明显的磨损了，却生动地体现了那个时代的魅力。

来到酒店的客人或许会碰到一个既没有独立卫生间，又没有电视的小房间，但又能在这些房间内找到一些艺术杰作，在感受艺术带来的快感的同时，又能享受到酒店给人的那种宾至如归的感觉。虽然“未完成”，你却能从小细节看出这里低调的华丽，酒店内随处可见的高品质的床和床垫看出，高档和有个性的家具，以及在这里放置的由Rabih自己拍卖来的陶器、餐具、配饰和家具等，都让人感受到非同寻常的感官体验。

编者的话

Rabih用看似粗糙的“过去”来中和有些奢华的“现代”，从而体现出一种别样的“反奢华”理念。这间酒店让我们明白，奢华不是昂贵物品、材料的简单堆砌，而是一种质朴衬托下细节的流露。无论把Rough Luxe叫裸露的奢华，还是粗砺的奢华，酒店、餐厅和酒店式公寓起这些名字蕴含的时代精神都是设计和价格并重。在低碳经济和绿色经济的今天，Rough Luxe酒店是不是能给我们更多的启发和思考。V

【左】橘色的皮毡，葡萄牙北部的编织品，摄影师Jonathan Root的作品Guilbert & George，Patrice Gruffaz设计的枝形吊灯等，用来装饰室内；
【右】现代派的画作点缀着空间。

Rough Luxury
粗砺的奢华

地点_英国伦敦
设计_Rabih Hage

穿过伦敦最繁忙的国王十字（King's Cross)火车站，几步之外的小街上星罗棋布得布满了大大小小的酒店，其中在Birkenhead Street上有一座1830年就被列为List Building的乔治亚风格建筑，里面隐藏着一个与外部世界车水马龙形成强烈对比的设计酒店：Rough Luxe Hotel。Rough和Luxe两个英文单词被译为‘粗糙’及‘奢华’，在人流如织，游客遍地，混乱粗糙的King's Cross会有怎样一个精致，奢华的设计酒店呢?

带着强烈的好奇心，我应邀到Rough Luxe Hotel进行一次亲身体验。一走进酒店大门，斑驳褪色的墙面，传统狭窄的阁楼让你仿佛置身于乔治亚时代，每一面墙，每一块地板都渗着历史的气息和痕迹，恍然我觉得自己回到了两百年前的伦敦，而大堂墙上挂着的英国当代艺术组合Gilbert & George的照片又突然把我拉回到了现实。这种时光交汇的初体验让我更加好奇楼上的房间会是怎样一番景象。

酒店仅有9个房间，数量虽少，但每个房间的设计都十分独特。每个细节都强调了房间的舒适与外面喧闹繁杂的King's Cross形成的鲜明对比。所有房间的墙面都是经过4次手工打磨出来的原始颜色，路易十六世风格的床头接合了洛可可艺术及新古典艺术特色，寝具都是来自德国的百年家纺品牌Sahco，床头柜则是由波尔多列级酒庄的红酒木箱组成。除了这些，最让人心动的就是各个房间里面酒店收藏的艺术作品，浴室的铜制古董土耳其浴缸，洗手间里面Philip Stack设计的椅子和花瓶，房间墙上深受杜拉斯追捧的日本艺术家Aki Kuroda的“红花”系列作品等等。

this
is
shit

【左】粗糙与雅致并存是这里给人最深的感受；
【右上】粗糙的墙面和精致的亚麻布艺交相辉映；
【右下】除了细节还是细节，设计就是从这些细节上体现出与众不同的概念的。

这就是Rough Luxe的风格——城市考古混搭，把古旧甚至粗糙的原始风格与现代的精致奢华混搭起来，新经典旧情怀，改造后的设计酒店往往比全新的建筑更容易焕发生机，层次感丰富的光与影，新与旧的对比生动且和谐，这自然是源于蕴涵在砖瓦墙面之间的那些岁月沧桑和时光雕琢。

对于酒店设计师兼策展人Rabih Hage来说，Rough Luxe并不能归于当下流行的设计酒店范畴，因为他个人甚至不喜欢Design Hotel的叫法，他更喜欢把Rough Luxe定义为设计师个人风格的酒店。因为除了建筑本身，酒店的设计还融入了Rabih的创意，审美，品位及个性，同时还呈现了他对奢华态度。奢华并非拥有Birkin手袋，与Savile Row的高级定制西装，对于设计师而言，一件物品高昂的价格并不能真正代表它的价值，Rabih认为真正的奢华应该更多的考虑产地，历史，数量，品质，手工技术。奢华应该是一系列独一无二的创意，一份与众不同文化体验和一种个性的生活方式，所有这些元素都在Rough Luxe里面一一体现出来。除了这些，Rough Louxe无微不至无处不在的服务营造出来的氛围更为无价。因为在这里，除了宾至如归的感觉，还有一种如同在自己家里的随意感，舒适感。

在这里，每一面墙，每一张床甚至每一件装饰品，都有它们自己的历史和背景。它不仅颠覆了你对传统酒店的固有概念，并且用风格独特的创意替代了旧有的审美标准，同时还带给你一份充满英伦风格的文化体验。V

2 9 9 2005
2 4 9 2005

【左】设计师在材料细节的使用和对材料方面的考虑都相当周全，使酒店的设计精致高档；
【右】精致的现代设施和古老斑驳的墙面形成了鲜明的对比。

美国著名建筑师／理查德·格鲁克曼

Richard Gluckman

大师资料

理查德•格鲁克曼（Richard Gluckman）是格鲁克曼•梅纳建筑师事务所（Gluckman Mayner Architects）的负责人，美国建筑师协会会员（FAIA）。完成工程：设计纽约的Dia艺术基金会、高古轩画廊（Gagosian Gallery）和托尼•沙弗拉兹（Tony Shafrazi）画廊，东京摩里艺术中心（Mori Arts Center），纽约肯梅尔广场（Kenmare Square），布里奇汉普顿的一处住宅，美国波基普西（Poughkeepsie）瓦萨学院的凯尼恩大厅（Kenyon Hall）扩建工程，费城美术馆裴雷曼大厦（Perelman Building）和圣地亚哥现代美术馆圣达菲库房建筑。获奖情况：国家设计奖，美国建筑师联合会（AIA）优秀设计和建筑奖，由Chicago Athenaeum颁发的美国建筑奖。

设计评价

格鲁克曼专门为巴勃罗•毕加索（Pablo Picasso），安迪•维奥（Andy Warhol）和乔治亚•奥奇菲（Georgia O'Keeffe）设计了博物馆以及数十座商业画廊，他对艺术和室内以及艺术家和建筑师的关系形成了一种极有说服力的见解。他肯定地说："没有艺术家希望按照任何建筑师的想法去做事情。"

但是，没有思想的设计是什么样的呢？

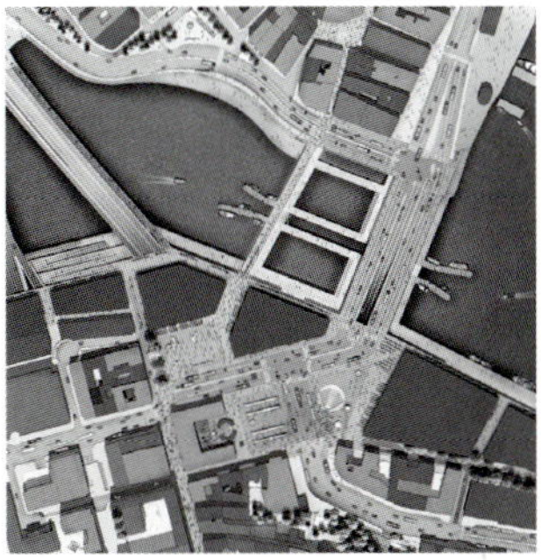

编者的话

别墅建筑本身以前是一个几乎没有窗户的冷冻仓库，它为格鲁克曼提供了一个将“奢华”材料与现有的“普通”材料同时使用的机会。他认为原来的水泥柱和新的聚碳酸酯门采用了最普通的材料，背面着色的玻璃呈现出一种意想不到的粉红色。遍及空间的灰色水磨石地面材料看起来既“奢华”又“普通”。它们看起来很像工业专用的混凝土，与詹尼•范思哲（Gianni Versace）的专卖店曾经用过的材料很类似。

当然，建筑师的“普通”材料很少是廉价的，正如精美制作的铝窗户框、散热器盖和受唐纳德•贾德（Donald Judd）启发设计的架子那样。为了搭配空间色调，格鲁克曼将开发商的白框架喷漆为银色。在主卧室里，当隐藏在床对面的一堵边墙里的直立抽屉被拉出后，一台液晶电视就显露出来了，这时部分窗户也被遮住了。在公寓的其他地方，格鲁克曼•梅纳设计了卧室中所有的东西。

同时，在别墅无窗户的中央部分，一台更大的液晶电视悬挂在厨房水槽的上方。但当你在墙壁上布置了特大型艺术品而且墙壁本身可以这样或那样滚动时，谁还需要看电视呢？附近餐厅的桌面为搓板状。确切地说，它并非弯曲，而像裂开的竹子。按照格鲁

【左上】独特的休息区；
【左下】墙壁上的“盒子”；
【右】从浴室看向卧室。

Colorful Box
七彩盒

地点_西班牙马德里
设计_Richard Gluckman

在酒店房间的设计中，理查德•格鲁克曼（Richard Gluckman）最大限度地使用了各种材料，并以新颖独特的方式使用了丙烯涂料，给人意想不到的效果。在这一层的房间中，我们可以看到很多大小不等的长方体，房间的整体格局和局部格局，包括洗漱台、洗脸池、书桌、电视柜等，各个物件无不棱角分明、秩序井然，给人的感觉是轻盈，是整洁，恰到好处的表现了他所要传达的概念——“盒子套盒子”。

这个空间的主题：七彩盒，玻璃的透明，凹凸的运用，体块的穿插，使空间更为简洁和通透。灯光的巧妙布置给人以温馨的感受。

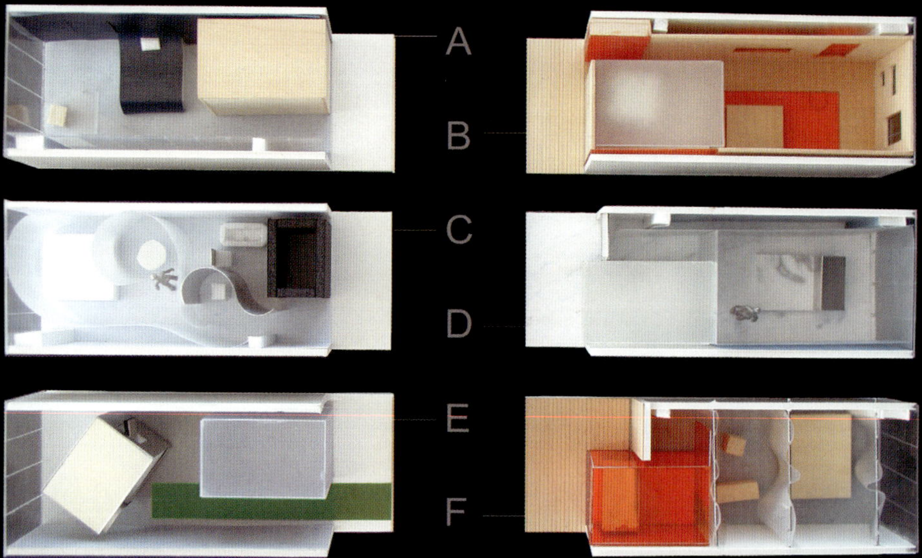
A
B
C
D
E
F

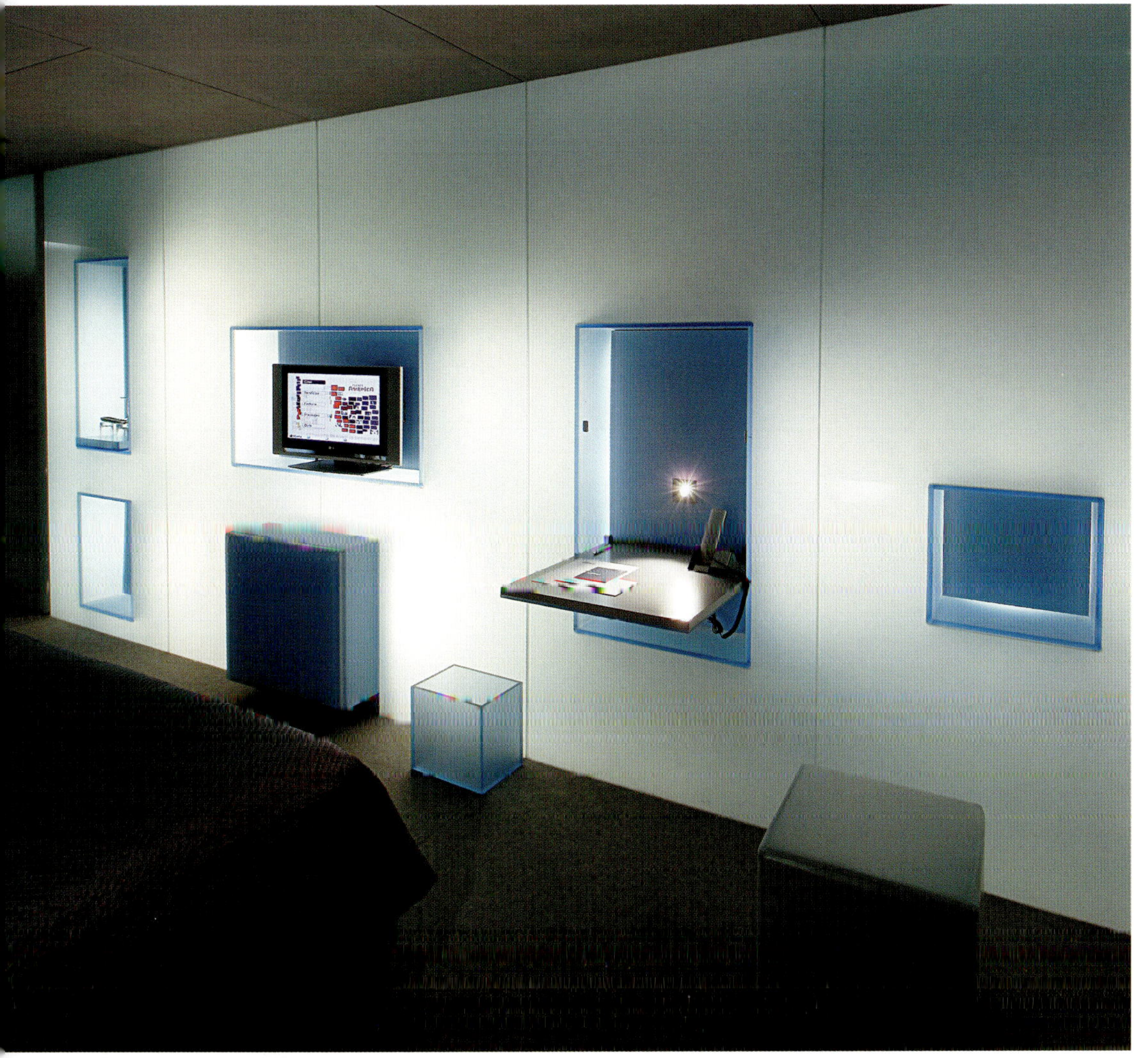

【左上】房间的整体格局和局部格局，各个物件无不棱角分明、秩序井然，给人的感觉是轻盈，是整洁；
【左下】俯视图；
【右】盒子套盒子。

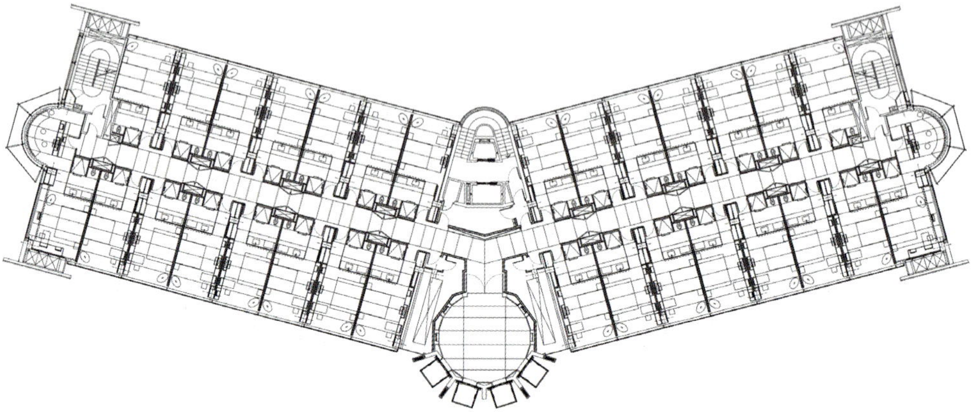

【左上】平面图；
【左下】自然与人工雕饰的融合；
【右】灯光的巧妙布置给人以温馨的感受

Ron Arad

以色列顶级设计师/伦·阿纳德

大师资料

伦·阿纳德（Ron Arad）1951年出生于以色列的特拉维夫，他的父母都是艺术家。1973年，在完成了耶路撒冷Bezalel艺术设计学院的学业之后，阿纳德来到伦敦，在众星云集的AA建筑学院跟随著名的英国建筑师彼得•库克(Peter Cook)和瑞士建筑大师伯纳德•屈米(Bernard Tschumi)学习建筑设计。

毕业后在一家建筑事务所短暂的打工经历坚定了他创建属于自己设计公司的信心，1981年，他与朋友Caroline Thorman合伙成立了名为“One Off”的设计公司，1989年，他们在北伦敦的Chalk Farm重新成立了以Ron Arad名字命名的Ron Arad及合伙人设计事务所。

阿纳德第一件自产的家具居然是两件已有的座椅重新组合拼接的作品——把从废弃Rover 200汽车上拆下的座椅安装在由老旧的Kee-Klamp脚手架制成的结构上，这便是著名的Rover椅。在这把椅子之后，他便一发不可收：1983年用破旧混凝土块做成的电唱机，1988年用旧钢板焊成的“焊椅”，这些作品形成了粗糙的朋克系列。从此他一炮而红，作为自学成材的年轻设计师兼制造师的代表，阿纳德开始将他们的作品带出了经济必需品的范畴，逐步迈向高端，成为富人们争相高价收购的艺术作品。

设计风格

说到强烈的Ron氏风格，扎实的表现在焊接、打制钢铁和用最粗糙的材料铸造新的富有戏剧性的外形。这种风格一直盛行到上世纪90年代末。

1988年，Ron Arad那把名为“volume”的椅子，由几片弯曲的铁板焊接而成，展现了Arad对于焊接抛光金属材质的技术和视觉效果的迷恋。从1986年的“Well-Tempered”椅开始，Arad不断改良推出了“volume”系列的金属材质椅子，后来Arad收到了来自瑞士的邀请，著名的家具厂商Vitra请他设计一把椅子，Arad构思了一把硬质的扶手椅，但其柔和性来自被螺钉拉紧的抛光钢板，这样“软硬兼施”的设计无疑又是“volume”系列的延伸。

Arad设计工作室的技术优势是Arad和他的团队常年对于新材料和材料加工方法的开发坚持不懈的结果，从已有的重金属焊接，到塑料(16085,-250.00,-1.53%,吧)的挤压和快速成型。在工作室，Arad拥有一支专业金属制造工匠的团队，在1994年，Arad成为位于意大利科莫的金属制造厂的合伙人，以便生产其设计所需的限量金属构件，为他对金属材料的设计偏好服务，同时他的员工也继续从事他们在快速成型和三维激光切割领域的探索。

自1997年开始，Ron Arad便是英国皇家

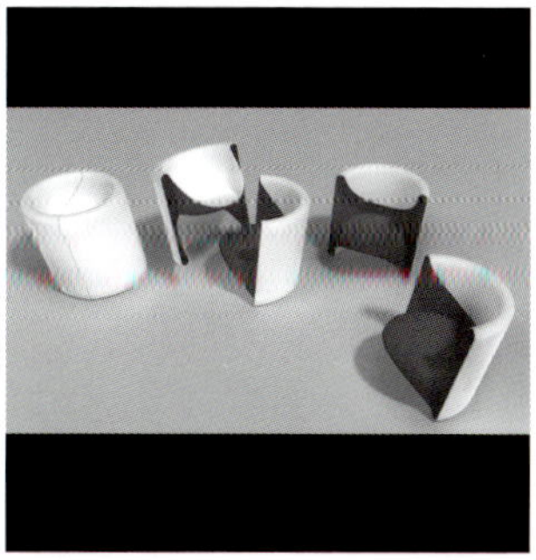

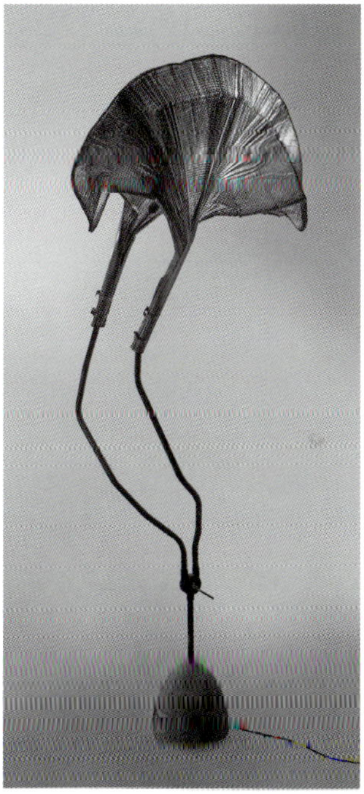

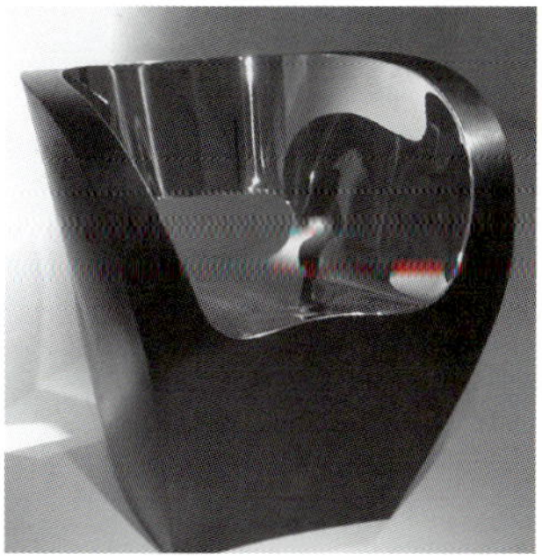

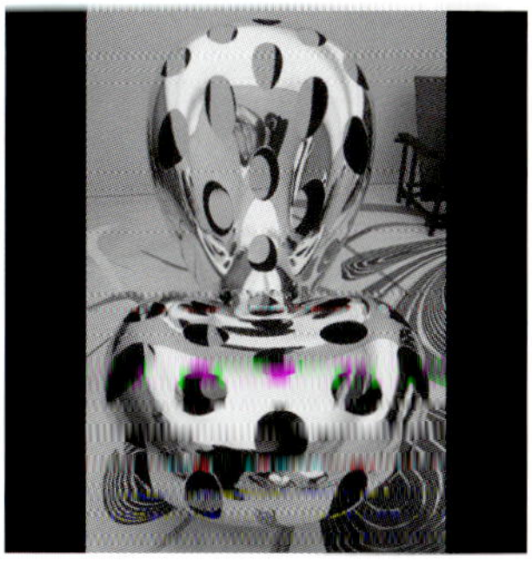

艺术学院产品设计系的硕士生导师，他将学院内的家具设计和工业设计两个专业方向合并成一个。Arad的影响力毋庸置疑，皇家艺术学院已经培养出新一辈的毕业生，跟他们的导师一样，他们更愿意挑战传统，在产品的设计和加工过程中不断试验。

编者的话

你可以说阿纳德是产品设计师、家具设计师、建筑设计师……甚至是艺术家都无所谓。总之，他的设计融合了外形的趣味性和先进科技的实验性，他已经成为当今世界最有影响力的设计师之一。

在近年的米兰家具展上，大部分全球知名的设计师们济济一堂，设计界不老的活跃分子Ron Arad当然也在其中，他带来了崭新的个人风格作品——像素沙发(pixel sofa)，是Arad为Moroso公司设计。该设计模糊了艺术、设计与制造工艺的边界，表面上看起来很简单的布艺沙发，实际上却包含着复杂的结构及生产过程。

以创造力和挑战性著称的Arad这次从不同于以往的材料出发，并用方正造型打断了Arad一直延伸至今的“有机曲线”，希望这能成为Ron Arad带给我们的又一个新的传奇。V

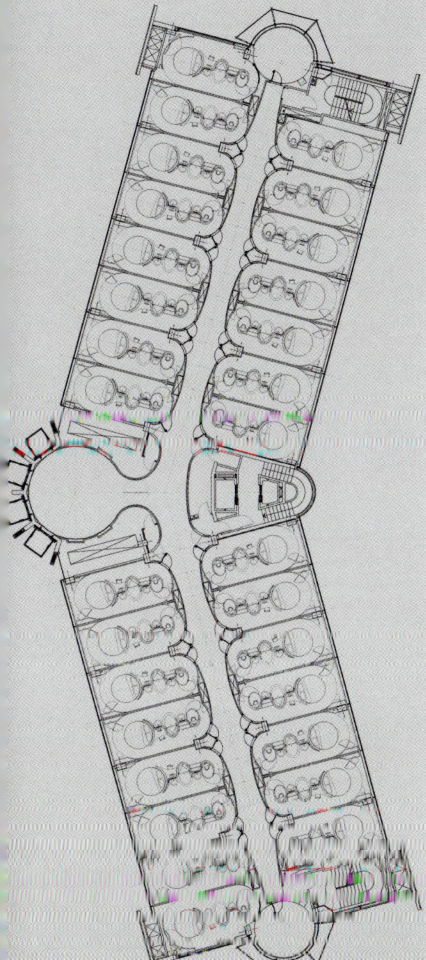

【左】卧室做成了太空舱，房间中的那张圆形的大床是出自于意大利设计公司Cappellini的手笔；【右】平面图。

Continuous Bending
蜿蜒曲折

地点_西班牙马德里
设计_Ron Arad

伦·阿纳德（Ron Arad）以极富表现力和想像力的方式构造了这一层，为人们提供的是一个以圆形为主的空间，线条流畅而轻盈，一如他经典的设计风格。在这一层中，有些房间以纯粹的白色为主色调，另外一些房间则是明亮的红色。这一层的与众不同之处在于，其墙壁都呈弧形，它们的职责是分割不同的功能空间。所有的家具都被集中地放置在房间中央，四周留空，这种做法打破了一般酒店标准间的模式。值得注意的是，房间中的那张圆形的大床是出自于意大利设计公司Cappellini的手笔。

设计主题：蜿蜒再蜿蜒，阿纳德有着设计界顽童之称，名言“无聊是创意之母”，在这里他希望创造出一个不知哪里是起点和终点的循环往复空间。大胆运用圆与圆弧的造型，使空间更为宽敞，相互渗透力更强。运用强烈的色彩，体现现代简洁之美感。

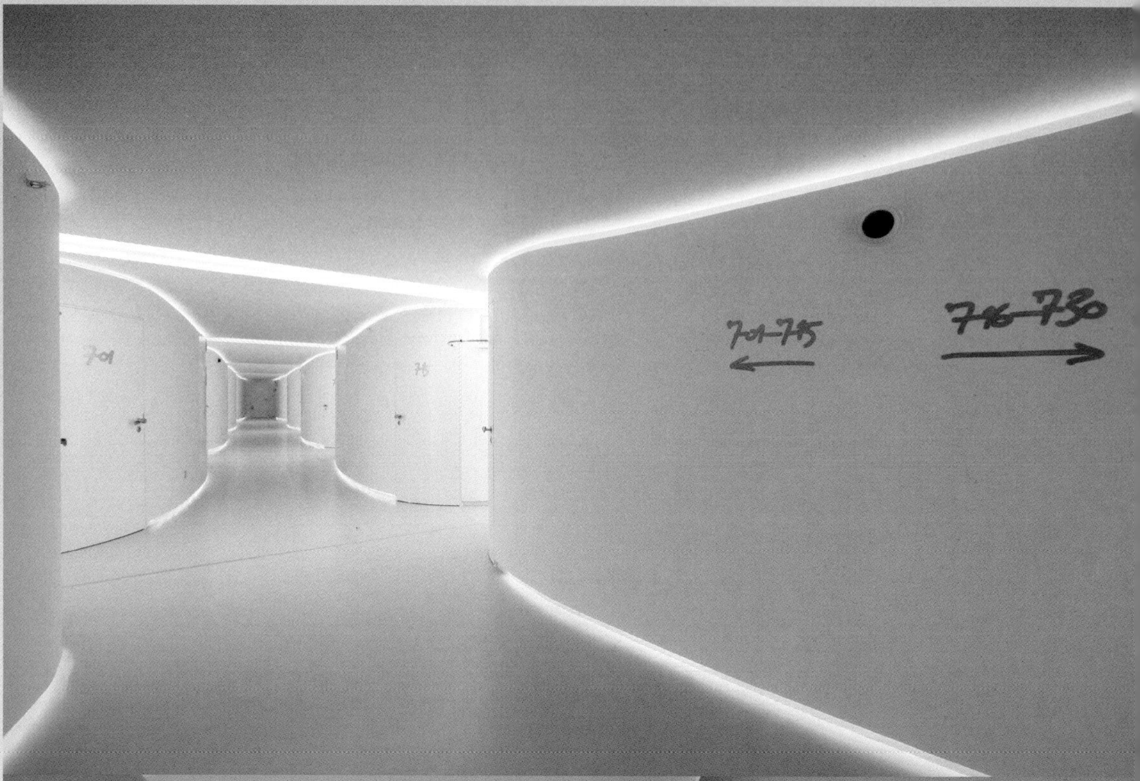
701-715
716-730

【左上】整个世界都是圆的；
【左下】纯白的走廊，弧形的墙壁；
【右】并非简单的室内设计，而是空间的重新创意。

【左】大胆运用圆与圆弧的造型，使空间更为宽敞，相互渗透力更强；
【右】运用强烈的色彩，体现现代简洁之美感。

意大利著名的建筑设计事务所 STUDIO 63

背景资料

Studio 63 建筑设计事务所来自于意大利古老城市及艺术之都佛罗伦萨，它成立于1998年，由两位著名的建筑师Piero Angelo Orecchioni和Massimo Dei创建。随着事务所的壮大，Studio 63将业务扩大到世界各地，并于2003年在纽约和香港分别成立办事处。目前，该事务所已具有极高国际声望，其业务遍及建筑、室内、产品及平面设计。

Studio63富于创造性的团队包括来自不同领域，具有开拓性思维和成绩卓绝的专业人士，他们致力于在一个丰富、多元化，且具有挑战性的平台上创造佳绩。

Studio63对自己的定义反映在每个项目的特点上，每一项目都是他们以广阔的视野，孜孜以求地探索，并以创造性为目标，用现代语言深度表达的结果。

编者的话

Studio 63的项目遍及全球超过15个国家以上，是一个不仅多产且创造能量极强的事务所。他们从概念阶段开始，其设计遍及从咨询、规划、概念，到实施的全过程，直至项目最终完成。目前，知名品牌Miss Sixty、Breil、Energie和Killah等在全球的连锁店和旗舰店都是委托Studio63进行设计，由Studio63设计的Miss Sixty酒店已成为地标性项目

以及全球时尚人士最为标榜的地方。

Studio63的理念是：创造性的设计过程是与客户紧密分享的旅程。只有紧密的合作和理解，才能使项目达到一种新的境界。他们的每一次实践都被跨领域的融合和不断的研究激发灵感，每个项目对他们来说都是一次对于成长和发展的新机会。V

建筑的外观十分卡通，最外面的一层防护罩呈白色，上面有若干个大小不等的椭圆形镂空随意排列，墙面采用的似乎是有些黏性，又有些弹性的材料。

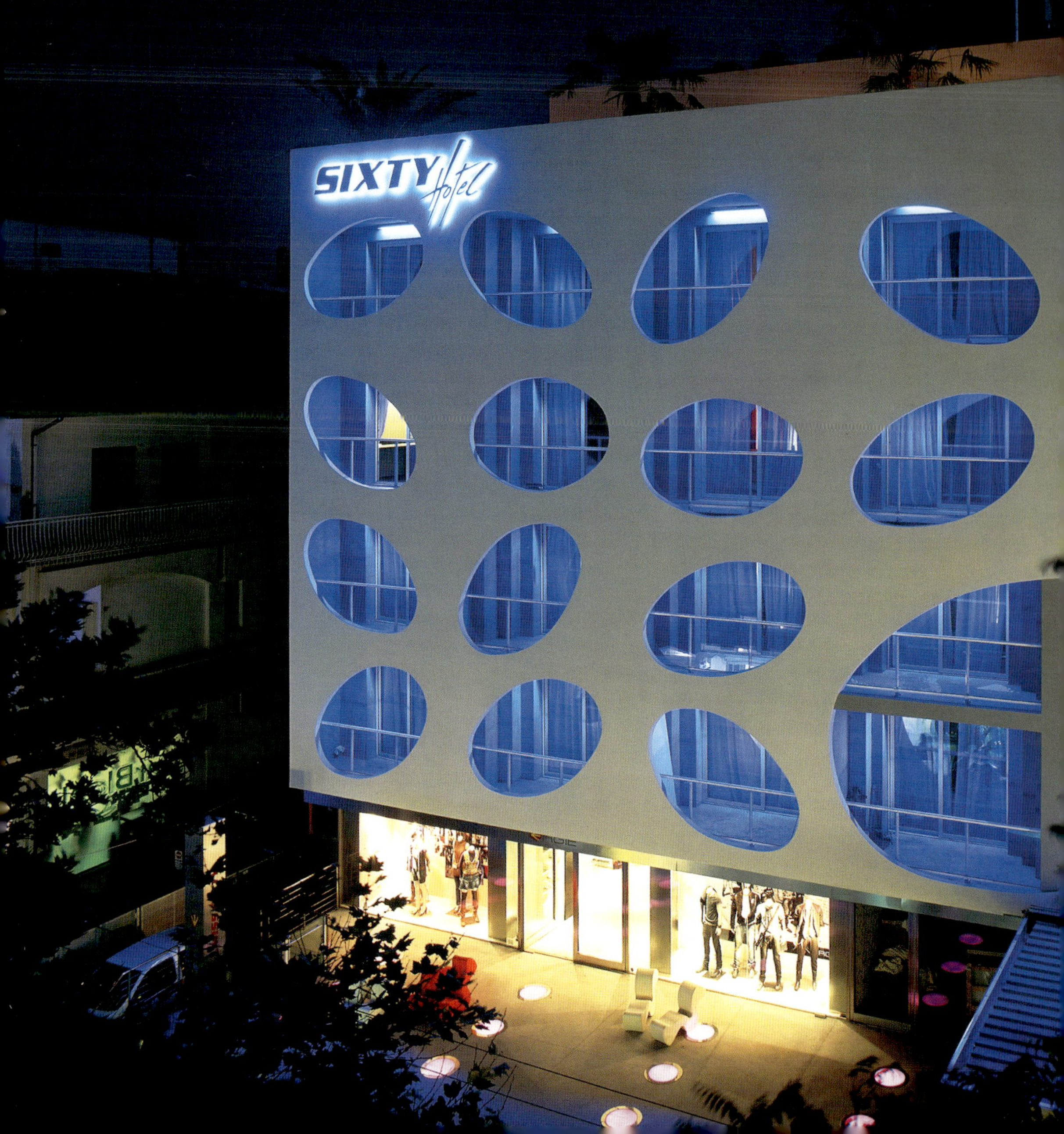

Miss Sixty
时装品牌的酒店清单

[illegible]
设计_Studio 63 Architecture + Design

Miss Sixty酒店就坐落在美丽的亚得里亚海岸的Riccione。酒店的建筑设计由Studio 63承担，这是家国际性的设计公司，在佛罗伦萨、纽约和香港都有分公司。公司的负责人是Massimo Dei和Pierangelo Orecchioni，他们曾设计了全球几乎所有Miss Sixty酒店和Energie 品牌专卖店。

设计师沿袭了Miss Sixty酒店一贯的设计风格，将现代、科技和艺术融入其中，为客人带来新鲜和惊喜。建筑的外观十分卡通，最外面的一层防护罩呈白色，上面有若干个大小不等的椭圆形镂空随意排列，墙面采用的似乎是有些黏性，又有些弹性的材料。夜晚时分，在灯光的映衬下更是奇妙，吸引着来往的行人。

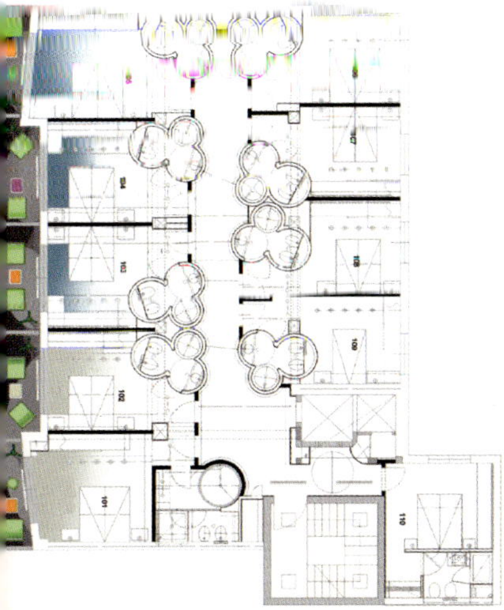

【左】随意休息的凳子，是年轻艺术家的独特创造；
【右】平面图。

在室内，每一层的特点取决于其主要的色调，从上到下分别是黄色、绿色、红色和黑色。每一层有10个房间，每个房间都是迷你型的。走廊的特色在于照明的设计，曲面的墙壁一天24小时变换着色调和明亮程度，夜晚弥漫着幽幽的光线，白天则变成明亮的光线。

在不同的房间，你会有不同的发现，因为酒店的建造者将房间内部的设计完全委托给30位年轻的艺术家，他们用自己丰富的艺术才华为顾客展现了各具特色的酒店房间。艺术家们与建筑师精诚合作，共同完成了墙体的设计和壁画的创作。结果是令人惊讶的，非常迷人。艺术家的介入并非纯粹为了装饰，它是与建筑师的设计观念紧密结合在一起的。

【左】大堂等候区；
【右】酒店大堂，艺术家们与建筑师精诚合作，共同完成了墙体的设计和壁画的创作。

【左上】走廊上凸出的圆柱体实际上是房间的浴室；
【左下】酒店房间之一，年轻艺术家的独特创造；
【右】从房间内部看向阳台。

艺术家们与建筑师精诚合作，共同完成了墙体的设计和壁画的创作。房间的卫生间，如同房间一样特色鲜明，有着并排着方便聊天的双排座厕所。

德国3Meta集团 Three Meta Design

设计案例

从酒店和日常生活相结合的设计角度来说，在汉堡，3Meta集团——埃维•马克思泰特（Evi Marklstetter）和阿明•弗西尔（Armin Fisher）——参与了一栋市中心50年代建筑的改造工作。

他们的目标非常明确：建成一个文化中心。在这个案例中，曾经是商店的320m²的区域将变成25小时酒店（Hotel 25Hours）的中心区，这里将举办展览、聚会和各种活动，不仅向入住客人开放，也向所有市民开放。而另一片位于三楼的150平方米的公共区域则举行会议。工程将恢复并强调建筑的整体形象，将根据不同区域的用途和重要程度，用各种颜色的灯将建筑内外装饰起来。

对于与酒店相关的部分，比如从内部照明的酒吧桌，或者酒店房间的多功能桌，建筑师选择了一些六七十年代设计风格的物品，这不仅仅使建筑染上了那个年代的气氛，更诠释了那个年代“豪华”的概念。因为豪华，哪怕只是一日的豪华，并不在于拥有，而在于在一片拥有“豪华”内在价值的空间里静静地享受时间的流逝。

编者的话

与禅意完全不同的是，25小时酒店从明

确的现代主义角度出发，对空间的利用被诠释为灯光形成的朴实明快的环境。种不同的实质性观点认为，实质性不再对应为零，而是与乌托邦相对应。由这种实质性出发，一切都可重新开始，获得新的感受。卓越的方案给参观它的人带来了无尽联想。V

SuperBude Hotel
低碳经济的思考

地点_德国汉堡
设计_3Meta design division 〔德〕

汉堡是继柏林和慕尼黑之后德国第三大最受欢迎的旅行目的地，超级酒店SuperBude就坐落在那里。打从一开始Hotelier Kai Hollmann就打定主意为背包客设计一个独特的旅店。于是经过概念的整合，这座结合了酒店和旅社特性的旅馆SuperBude就此诞生。

走进酒店你俩会发现，大堂里的桌、椅都被粗绳索包裹起来，这个小小的设计细节让人不禁想起了汉堡最著名的大街Reeperbahn。这里的厨房温馨之中又兼具了一些酒吧的特色，有些凳子是用当地酿酒所用的旧啤酒桶改制的，充满趣味性。休闲室的沙发也非常有意思，它们的面料是用一些被捐赠的牛仔裤经过精心的裁剪制作而成的。SuperBude另外一个亮点就是那些经过特殊设计的床，它们可以任意拆分，如此一来，这里虽然只有74个房间，便拥有了容纳240位客人的床位。

SuperBude大部分的室内家具及陈设都是由我们常见的日常物品和材料制作而成的，从旅馆外悬挂的成列的水桶装饰，到室内皮摭子做成的挂衣钩，到普通的货板做成长椅的框架，再到红酒杯做成的花瓶、纸杯子做成的装饰灯架等，这一切都让这里显得妙趣横生。

【左】SuperBude Hotel的外墙就与众不同，由成列的水桶作为装饰，展现了不一样的设计概念；【右】墙上的管道被用做置物架，环保的理念呼之欲出。

凭借独特的环保设计概念，SuperBude成功打入了汉堡的酒店业，并且在短短4周时间内，入住率达到了80%，可谓业绩惊人。这些可爱又有趣、令人目不暇接的娱乐元素，不断地吸引着远道而来的客人。人们聚集在这里休息、喝酒、自己动手准备食物，在这里的Wii主机上打破前人创造的纪录，尽享休闲时光。这里的意义不只是一个旅店而已，它也是一个受欢迎的社交场所。每晚16欧元一个床位的价格不但吸引了大批的背包客，更有人举家前来居住体验。另外这里还不定期有一些音乐家到来，可能某一天当你到来时就和一场小型的音乐会不期而遇。

细细品味，你就会发现，在SuperBude“环保”的外衣下，还隐藏着人们最爱的温暖的特质。一旦在此居住过，你会发现，在以后的生活中，即便是一条普通的牛仔裤，一个常见的可乐罐子都可能下意识的唤起你对这里的情感记忆。试想多年之后，客人们都还能依稀记得这里的一切，所有他们曾经感受和触摸过的东西，牵引着他们怀旧的情绪，也许他们会因此再回来，体验多年前那份久远的快乐。SuperBude曾获得了“欧洲设计酒店咖啡店、酒吧、夜店和休闲室类”的大奖，在最近的柏林国际旅游展上，SuperBude又一次摘得“最佳商务酒店类”大奖。

材料很重要，酒店的设计者Armin Fischer说：“你得小心地选材，因为很多东西现在看来很时髦，但是10年之后他们可能就落伍了，但是一些材料则是永恒的。例如，特殊的石材、皮革或是木头，它们可以随着时间的流逝而越发的美丽。在设计的时候我们悉心选材，运用新技术和与众不同的设计理念，我希望能一些特别的东西出来。”V

【左】这里的厨房充满了家庭般的温馨感受，让人们更愿意待在这里；
【右】休闲室的沙发也非常有意思，它们的表面是用被捐赠的那些牛仔裤经过精心的裁剪装饰而成的；
【右下】用粗绳包裹的家具有一种质朴的美感。

fritz-kola
MADE
IN GERMANY

EUR
EPAL

EUR
EPAL

ASTRA

装可乐用的箱子做成的板凳附上精致柔软的垫子也一样很舒服。细细品味，你会发现，在“环保”的外衣下，还隐藏着温暖的特质。

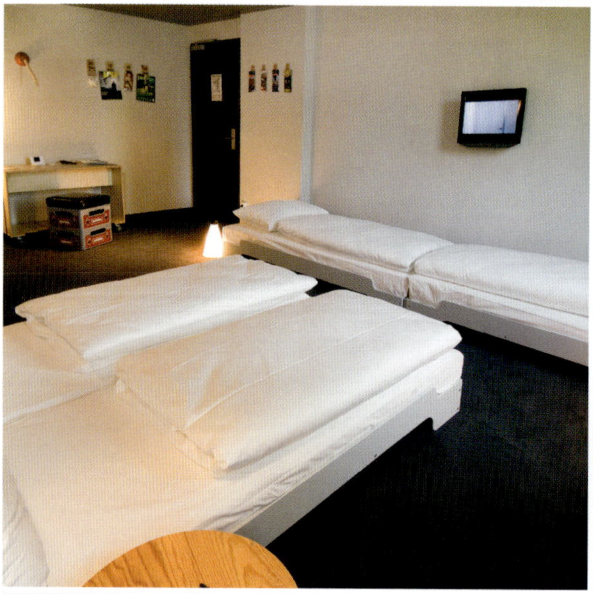

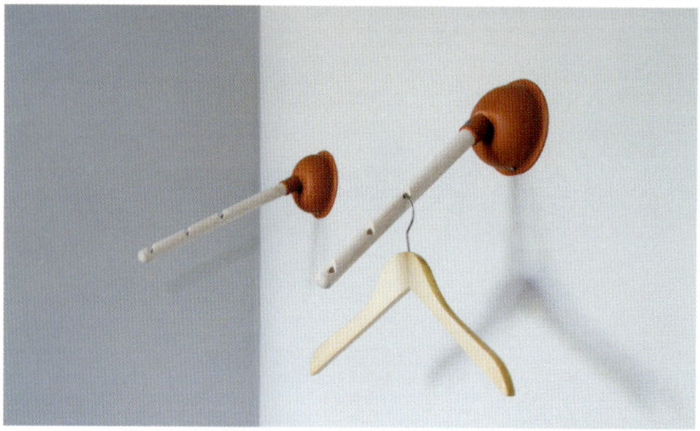

【左】室内及搋子做成的挂衣钩，每一个细节都可以看到设计师的奇思妙想；

【上】房间的设计舒适温暖，这些床是特别制作的，可以拆分，如有需要瞬时由两张床变4张，如此一来，这里的房间，便可以迅速增加起来。

西班牙最杰出的时装设计师组合
Victorio & Lucchino

背景资料

Victorio & Lucchino在2010春夏马德里女装发布会，第一时间为你传送来自2010春夏西班牙马德里时装周的最新女装发布会走秀照片。他们是西班牙本土最杰出的时装设计师组合之一。他们的设计大胆、开放，运用十分优雅的颜色和流畅的剪裁来表达他们的设计理念。每一季的国际时装秀场都能看到他们的新作品。这是西班牙最受年轻人关注的一线时装品牌之一。

编者的话

对服装Victorio & Lucchino组合的评价：①Victorio & Lucchino设计的充满西班牙南部风情的荷叶边裙子，这既是一种对于服装的执迷，也是一种对其文化的热爱。②Victorio & Lucchino“像19世纪味道的婚纱，用了轻松简单的线条，已尽显女性最优美的身段，加上围巾上的须须，十分古典优美，虽然没有传统的头纱，但也很有新娘子的幸福感觉了！而这款婚纱又可当作晚装啊！”③来自Victorio & Lucchino公司的第一款香水——Hombre男性香水是一款性感而充满诱惑的男性香氛，夹带着浓浓的西班牙异国风情气息，香水的代言人Miguel Angel Silvestre以诱人的姿态展现出香水的年轻与不羁。V

V&L

维托里奥和卢奇诺把在时装和女鞋设计方面的灵感发挥到了极致，“时尚与舒适”是设计师最想表达的情感。

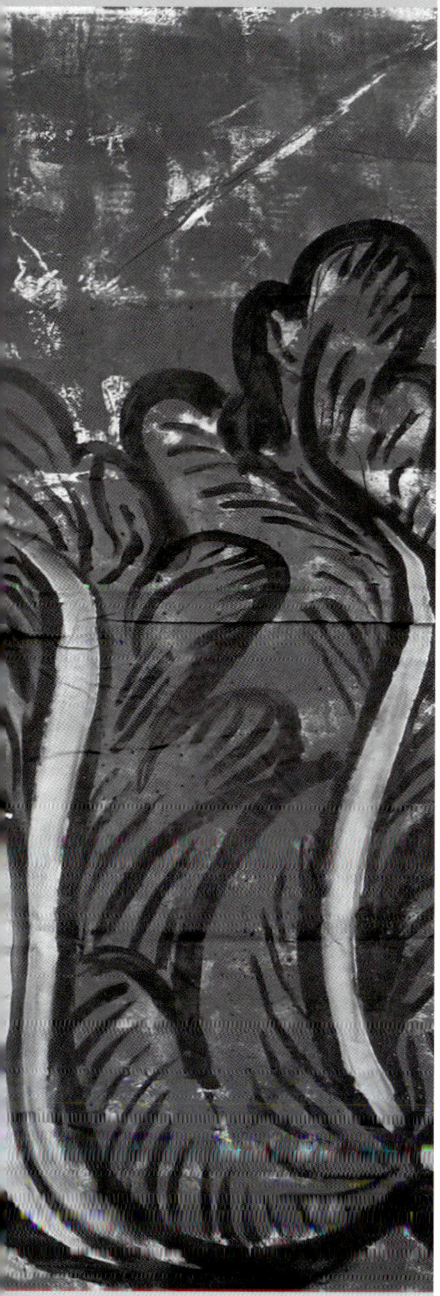

Interesting Fashion
玩味时尚

地点_西班牙马德里
设计_Victorio、Lucchino

房间由来自塞尔维亚 (Seville) 的维托里奥（Vitorio ）和卢奇诺（Lucchino ）所设计，营造出了一种温馨、愉悦和舒适的氛围。他们抓住时装的[illegible]，“时尚与舒适”是设计师最想表达的情感。两位合作多年的艺术家用大量的抽象画将一种时尚的工业感和宾至如归的客房气氛结合到了一起。黑色的家具和红色的织物确定了楼层的整体基调，而一幅幅色彩绚丽的抽象画则把他们永不停歇的创作热情毫无保留地展现在人们面前。

设计主题为“玩味时尚”，这是服装设计公司做的室内设计，他们利用经常在时装设计中运用到的知觉价值，由即古典又时尚的安达鲁西亚的风格。红色墙面色彩的充分利用，使整个空间艺术感较强。家具的布置和选择体现一定的民族特色，给人较强的视觉冲击感。V

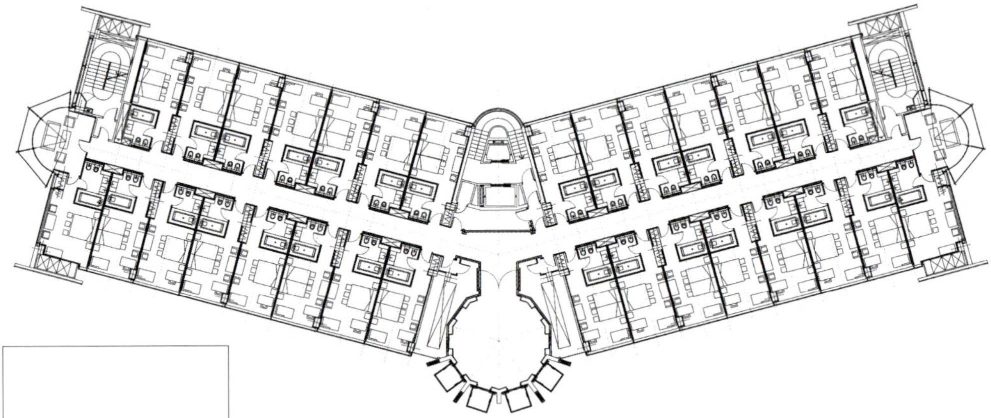

【左上】大厅的设计灵感来源于艺术装饰风格；
【左下】平面图；
【右】混合使用的简单材质。

523

【左】红黑世界；
【右上】一幅色彩绚丽的抽象画则把设计者永不停歇的创作热情毫无保留地展现在人们面前；
【右下】像被高级女装紧紧包裹的感觉。

Zaha Hadid

首位获普利兹克建筑奖的女建筑师

大师资料

扎哈•哈迪德（Zaha Hadid）1950年出生于巴格达，在黎巴嫩就读过数学系，1972年进入伦敦的建筑联盟学院AA学习建筑学，1977年毕业获得伦敦建筑联盟(AA，Architectural Association)硕士学位。此后加入大都会建筑事务所，与雷姆•库哈斯（Rem Koolhaas）和埃利亚•增西利斯（Elia Zenghelis）一道执教于AA建筑学院，后来在AA成立了自己的工作室，直到1987年。哈迪德至今一直从事学术研究，曾在哥伦比亚大学和哈佛大学任访问教授，在世界各地教授硕士研究生班和各种讲座。1994年在哈佛大学设计研究生院执掌丹下健三（Kenzo Tange）教席。

她于1983年入选香港The Peak Club的设计竞标方案，获得广泛赞誉。此后，她在柏林Kufurstendamm大街（1986年）、杜塞尔多夫的艺术和媒体中心（1989年）和卡迪夫湾歌剧院（Cardiff Bay Opera House）（1994年）的竞图中均获得一等奖。

她在从事理论和学术研究的同时，在1979年自己开业，为伦敦伊顿广场（Eaton Place）设计了一幢公寓。该作品于1982年获建筑设计金牌奖。其他项目还包括为伦敦Bitar设计家具和室内装饰（1985年），在日本设计了几幢大厦，如东京的两个项目（1998）和大阪的Folly（1990年）。1990年，哈迪德还为格洛宁（Gronningen）的视频艺术展设计展馆，1992年在纽约古金汉博物馆设计了"伟大的乌托邦"展览。1988年-1989年，哈迪德受托设计莱茵河畔维尔城的维特拉消防站，建成后为汉堡、波尔多和科隆的港口服务。

设计风格

哈迪德的作品并非全然地西化与现代性。在伊拉克长大的扎哈，从小便迷于波斯地毯繁复的花样，藉由织工的双手，波斯地毯将现实转化为交缠丰富的世界。对扎哈最直接的影响仍是伦敦的建筑联盟学院。她在那里就学时，该学院可说是处于黄金时期，堪称全世界的建筑实验中心。早期扎哈的语汇是挑战基地涵构，现在她学会从基地找出她要运用的空间语汇。结合机能与空间逻辑，创造出令人激赏的建筑，她的建筑提醒人注意原野如何越过山丘，洞穴如何开展，河流如何蜿蜒，山峰如何指引方向。或许扎哈已了解，"瞬间的爆发"并未能揭露人类心灵的构造，但能展现人造环境的本质。她并未在乌托邦的残迹中发现自由空闲，而是在对既有环境的探索中发现。

盘旋手法，维塔案后，盘绕元素一再出现于扎哈的作品中：像是蓝图馆，一案中的金属折板；也曾出现于卡迪夫湾歌剧院

中。扎哈这时期的建筑是蜿蜒至基地景观内。接下来她更进一步创造自己的景观，以地景观包被机能、创造空闲。

编者的话

成就源于努力，男性一统天下的建筑业的今天，哈迪德能够取得如此辉煌的成就，凭的正是自己多年的不懈努力。成功的道路从来都不是一帆风顺。哈迪德也遭受过很多重大挫折。正如评审团所指出的那样，哈迪德获得世人认可之路，是"英雄式的奋斗历程"。

并不是所有人都欣赏她的设计。时至今日，在已经生活了20多年的伦敦，仍未有一件哈迪德的作品问世。在获奖后接受媒体采访时，哈迪德也直言自己在英国受到了"不公正"的待遇。

很久以来，人们一致认为哈迪德的设计富于动感和现代气息。但也正因为这两个原因，她的很多作品都只能安静地躺在图纸上，无法付诸实施，她甚至一度被称为"纸上谈兵"的建筑设计师。尽管她得过大大小小的奖项，有时候一年获4项，但似乎在世界建筑环境里掀不起一丝波澜。这种状况一直到90年代末才有了改观。V

breakfast please

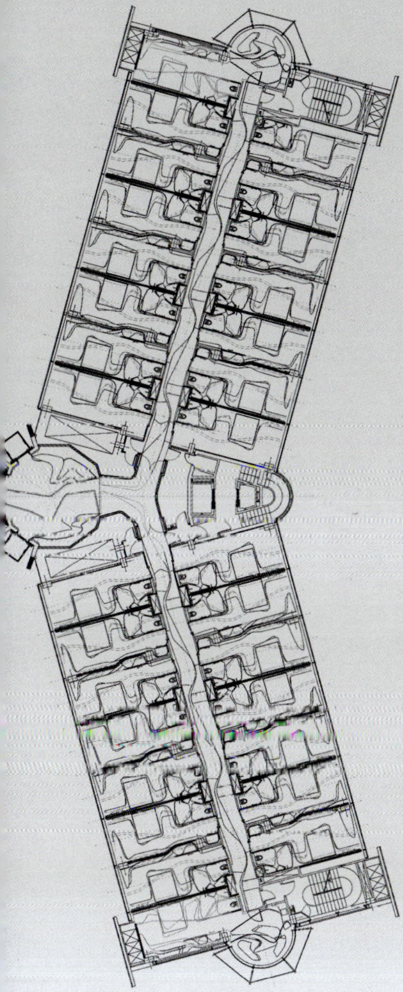

【左】扎哈·哈迪德设计的客房使用有机形体和盘旋的空间结构，创造了一种十分独特、奇异、具有生命体特征的室内环境。这种流动的空间又仿佛为金手指所凝固，而演变成一种似动非动的视觉状态；
【右】平面图。

Flow Space
流动的空间

地点_西班牙马德里
设计_Zaha Hadid

扎哈·哈迪德（Zaha Hadid）设计的客房使用了有机形体和的盘旋的空间结构，创造了一种十分独特、奇异、具有生命体特征的室内环境。这种流动的空间又仿佛为金手指所凝固，而演变成一种似动非动的视觉状态。同时，在不同空间中单独使用的白、绯红、黑色和灰色的色调，在光的投射下，扑朔迷离，更增添了造型与空间的神秘色彩。

哈迪德的客房设计将家具、陈设与室内界面设计放在一个连续的成品化的结构之中。在造型方面，其室内设计与亨利•摩尔的雕塑有异曲同工之处，如流畅的形体，简化的形态，充满张力的结构，不同的是，亨利•摩尔创造形体，而哈迪德则通过形体创造内部的空间。在这里，我们感受到一种技术与自然融合的美，一种充分调动抽象造型元素及内在结构塑造、表现内在生命的艺术形式。事实上，作为世界著名的建筑师、艺术家与学者，哈迪德所奉行的哲学是以“打破建筑传统”为目标，她一直以创造出超出把实用性模式的、交融式的新颖构想为己任，在客房大床与梳妆台的设计中，哈迪德使用曲线与有机的造型，充分调动了盘旋结构的特点，形体之间回转自如，从而塑造了如液体流动般的空间状态。

【上】白色的客房内部，巧妙的灯光设计使家具看起来像自己在发光；

【左下】哈迪德的客房设计将家具、陈设与室内界面设计放在一个连续的成品化的结构之中。

有机形态，对于早期现代主义是一种奢望，机器的局限往往使建筑与产品倾向纯粹几何形态，如直线、几何曲线，这种人工倾向使其难以与自然环境的和谐相处，也与使用者之间的友好关系方面存在一定的距离。因此，哈迪德的有机造型和流畅的空间就成为一种友好的界面，一种令人愉快和亲近自然的环境。需要特别强调的是，哈迪德对现代工业技术的运用及对现代设计美学的探索，功能、简洁和抽象等现代主义要素依然清晰可见，而借助于科技创新的个性化设计又为我们树立了技术与艺术联姻的范例。在她的作品中，现代主义以温和、个性和自然的状态呈现出来，尤其是哈迪德在设计中还将她艺术的天赋与女性的敏感融合在作品之中，如产生视幻的床罩图案和画龙点睛的细节装饰、不拘一格的房号布置。另外，哈迪德的作品在灯光设计方面也十分可取，功能、色泽照度与微妙的色彩对比，使环境趋向温馨宜人的视觉效果。

总之，哈迪德通过作品，向我们传递了这样的信息：现代生活环境的创造在于向前看，在于创造新技术条件下的时尚与对未知风格的不懈追求。V

【左】哈迪德对现代工业技术的运用及对现代设计美学的探索，功能、简洁、抽象等现代主义要素依然清晰可见，而借助于科技创新的个性化设计又为我们树立了技术与艺术联姻的范例；
【右】走道。

118
120
123
126
128

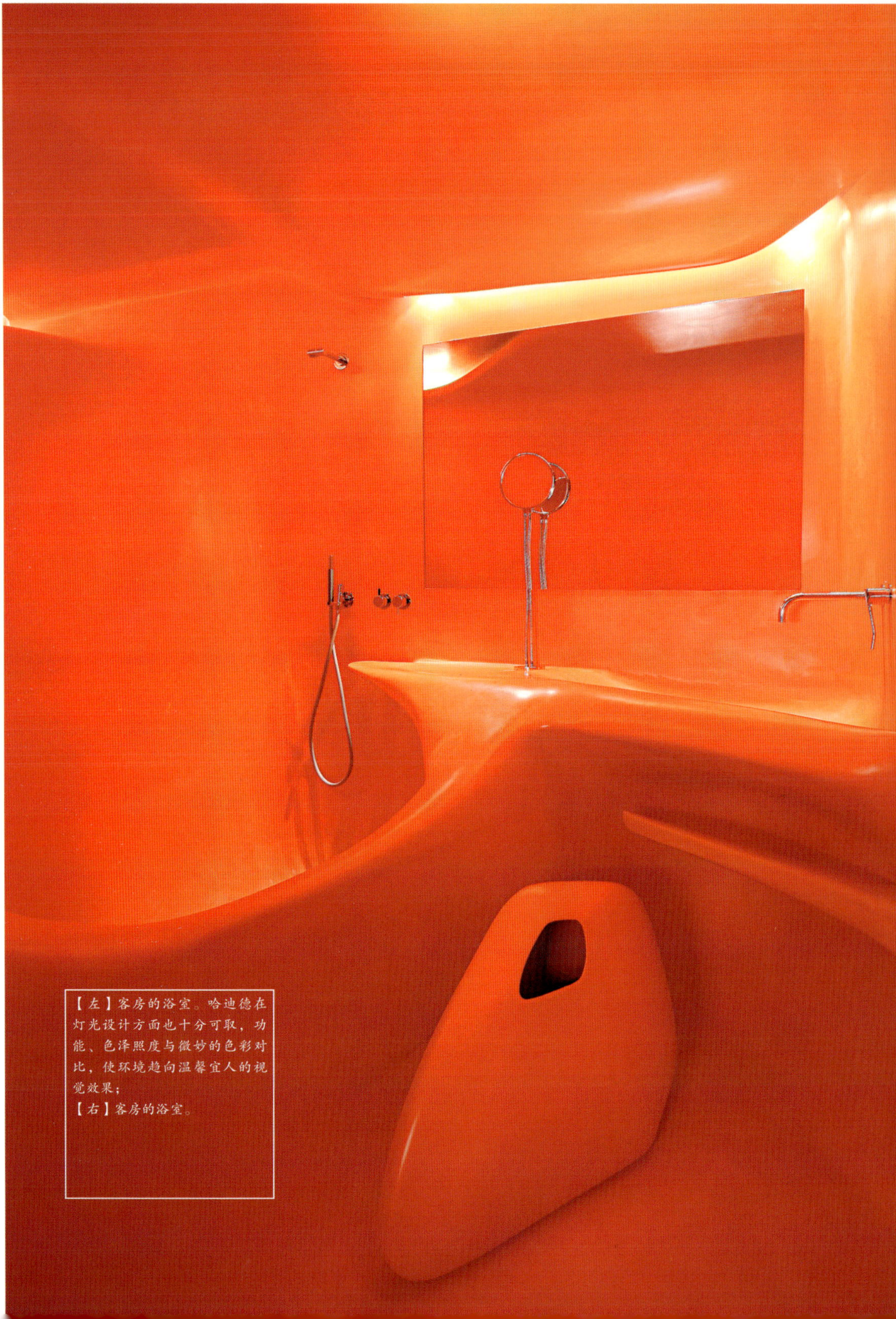

【左】客房的浴室。哈迪德在灯光设计方面也十分可取，功能、色泽照度与微妙的色彩对比，使环境趋向温馨宜人的视觉效果；
【右】客房的浴室。

参考资料

克拉克（美），波斯（美）. 2006. 世界建筑大师名作图析[M]. 汤纪敏，包志禹，译. 北京：中国建筑工业出版社.
宋纯智. 2009. 第一空间[M]. 沈阳. 辽宁科技出版社.
大师系列丛书编辑部. 2005. 扎哈·哈迪德的作品与思想[M]. 北京. 中国电力出版社.
大师系列丛书编辑部. 2007. 大卫·奇普菲尔德的作品与思想[M]. 北京. 中国电力出版社.
Images出版公司. 2005. 世界建筑大师优秀作品集锦[M]. 周乐清，译. 北京：中国建筑工业出版社.
深圳创扬文化传播有限公司. 2009. 国际IN酒店设计——臻品酒店[M]. 武汉：华中科技大学出版社.

图书在版编目（CIP）数据
视觉酒店 / 董君等主编. -- 北京：中国林业出版社，2011.2

ISBN 978-7-5038-5889-5

Ⅰ. ①视… Ⅱ. ①董… Ⅲ. ①饭店 – 建筑设计 – 世界 Ⅳ. ①TU247.4

中国版本图书馆CIP数据核字(2010)第155760号

策划：陈沂欢
顾问：胡云华
主编：董 君 赵胜华 蒋 熙
编写：董 君 蒋 熙 王 超 刘 杰 孙 宇 李一茹
杨 丹 刘 嘉 张 雪 李 锐 祝 贺 高子涵
姜 琳 赵天一 李成伟 王琳琳 王为伟 李金斤
王明明 石 芳 王 博 徐 健 齐 碧 宋晓威

出版：中国林业出版社
（100009 北京西城区德内大街刘海胡同 7 号）
网址：www.cfph.com.cn
E-mail：cfphz@public.bta.net.cn
电话：（010）83223051
发行：新华书店
印刷：恒美印务（广州）有限公司
版次：2011年3月第1版
印次：2011年3月第1次
开本：170mm × 230mm
印张：14
字数：200千字
定价：128.00元

鸣谢

因稿件繁多，书中部分内容无法及时联系到原作者，请原作者通过编辑部与主编联系，并在此表示感谢。